高等职业教育系列教材

PPT 设计与制作实战教程

主　编　於文刚　刘万辉　安　进
副主编　朱　琳　于春玲　吴银芳
参　编　毕喜彦　陈利国

机 械 工 业 出 版 社

本书以商务 PPT 的制作为重点，以提升实战技能为目的，通过实例的形式，采用入门、提高、技巧及案例相结合的方式，循序渐进地讲解 PowerPoint 2013 软件的使用方法，知识实用精巧，案例丰富多样，让读者在完成案例的过程中学习相关知识，培养相关技能，提升自身的综合职业素养和能力。

本书共分为 10 章，以 PowerPoint 2013 版本为操作平台，以 PPT 的设计制作流程为主线，内容包括 PPT 概述、PPT 的美学基础、PPT 策划、PPT 基础与文字、PPT 模板、PPT 图像、PPT 图表、PPT 动画、PPT 影音以及 PPT 演示，每章安排知识讲解、实战案例、拓展训练等环节，整个过程由易到难、循序渐进、专业实用。

本书可作为大中专院校及各类电脑培训班的 PowerPoint 教材使用，同时也适合希望掌握快速设计各类演示文稿方法的初、中级用户，以及办公人员、文秘、财务人员、国家公务员、家庭用户使用。

本书配有授课电子课件和素材，需要的教师可登录 www.cmpedu.com 免费注册、审核通过后下载，或联系编辑索取（QQ：1239258369，电话：010 - 88379739）。

图书在版编目（CIP）数据

PPT 设计与制作实战教程/於文刚，刘万辉，安进主编 . —北京：机械工业出版社，2017.1（2022.1 重印）
高等职业教育系列教材
ISBN 978-7-111-55500-1

Ⅰ. ①P… Ⅱ. ①於… ②刘… ③安… Ⅲ. ①图形软件 - 高等职业教育 - 教材 Ⅳ. ①TP391.41

中国版本图书馆 CIP 数据核字（2016）第 294827 号

机械工业出版社（北京市百万庄大街 22 号 邮政编码 100037）
策划编辑：鹿 征 责任编辑：鹿 征
责任校对：张艳霞 责任印制：郜 敏
河北鑫兆源印刷有限公司印刷

2022 年 1 月第 1 版·第 11 次印刷
184mm×260mm·14 印张·334 千字
标准书号：ISBN 978-7-111-55500-1
定价：49.00 元

电话服务 网络服务
客服电话：010 - 88361066 机 工 官 网：www.cmpbook.com
　　　　　010 - 88379833 机 工 官 博：weibo.com/cmp1952
　　　　　010 - 68326294 金 书 网：www.golden - book.com
封底无防伪标均为盗版 机工教育服务网：www.cmpedu.com

高等职业教育系列教材计算机专业
编委会成员名单

出版说明

《国家职业教育改革实施方案》（又称"职教 20 条"）指出：到 2022 年，职业院校教学条件基本达标，一大批普通本科高等学校向应用型转变，建设 50 所高水平高等职业学校和 150 个骨干专业（群）；建成覆盖大部分行业领域、具有国际先进水平的中国职业教育标准体系；从 2019 年开始，在职业院校、应用型本科高校启动"学历证书 + 若干职业技能等级证书"制度试点（即 1 + X 证书制度试点）工作。在此背景下，机械工业出版社组织国内 80 余所职业院校（其中大部分院校入选"双高"计划）的院校领导和骨干教师展开专业和课程建设研讨，以适应新时代职业教育发展要求和教学需求为目标，规划并出版了"高等职业教育系列教材"丛书。

该系列教材以岗位需求为导向，涵盖计算机、电子、自动化和机电等专业，由院校和企业合作开发，多由具有丰富教学经验和实践经验的"双师型"教师编写，并邀请专家审定大纲和审读书稿，致力于打造充分适应新时代职业教育教学模式、满足职业院校教学改革和专业建设需求、体现工学结合特点的精品化教材。

归纳起来，本系列教材具有以下特点：

1）充分体现规划性和系统性。系列教材由机械工业出版社发起，定期组织相关领域专家、院校领导、骨干教师和企业代表召开编委会年会和专业研讨会，在研究专业和课程建设的基础上，规划教材选题，审定教材大纲，组织人员编写，并经专家审核后出版。整个教材开发过程以质量为先，严谨高效，为建立高质量、高水平的专业教材体系奠定了基础。

2）工学结合，围绕学生职业技能设计教材内容和编写形式。基础课程教材在保持扎实理论基础的同时，增加实训、习题、知识拓展以及立体化配套资源；专业课程教材突出理论和实践相统一，注重以企业真实生产项目、典型工作任务、案例等为载体组织教学单元，采用项目导向、任务驱动等编写模式，强调实践性。

3）教材内容科学先进，教材编排展现力强。系列教材紧随技术和经济的发展而更新，及时将新知识、新技术、新工艺和新案例等引入教材；同时注重吸收最新的教学理念，并积极支持新专业的教材建设。教材编排注重图、文、表并茂，生动活泼，形式新颖；名称、名词、术语等均符合国家有关技术质量标准和规范。

4）注重立体化资源建设。系列教材针对部分课程特点，力求通过随书二维码等形式，将教学视频、仿真动画、案例拓展、习题试卷及解答等教学资源融入到教材中，使学生学习课上课下相结合，为高素质技能型人才的培养提供更多的教学手段。

由于我国高等职业教育改革和发展的速度很快，加之我们的水平和经验有限，因此在教材的编写和出版过程中难免出现疏漏。恳请使用本系列教材的师生及时向我们反馈相关信息，以利于我们今后不断提高教材的出版质量，为广大师生提供更多、更适用的教材。

机械工业出版社

前　　言

　　近年来，随着职业教育改革的不断推进，特别是信息技术和网络技术的迅速发展和广泛应用，企事业单位对工作人员的 PowerPoint 制作能力提出了越来越高的要求。PowerPoint 2013 是一款功能强大的演示文稿制作软件，其操作更加简便、实用。

　　本书以商务 PPT 的制作为重点，以提升实战技能为目的，通过实例的形式，采用入门、提高、技巧及案例相结合的方式，循序渐进地讲解 PowerPoint 2013 软件的使用方法，知识实用精巧，案例丰富多样，让读者在完成案例的过程中学习相关知识，培养相关技能，提升自身的综合职业素养和能力。

1. 本书内容与结构

　　本书共分为 10 章，以 PowerPoint 2013 版本为操作平台，以 PPT 的设计制作流程为主线，内容包括 PPT 概述、PPT 的美学基础、PPT 策划、PPT 基础与文字、PPT 模板、PPT 图像、PPT 图表、PPT 动画、PPT 影音以及 PPT 演示，每章安排知识讲解、实战案例、拓展训练等环节，整个过程由易到难、循序渐进、专业实用。

2. 本书特色

　　1）专业的设计理念。提高审美能力，告诉读者什么样的 PPT 是好的 PPT，通过经验与技巧让读者快速掌握专业制作 PPT 的要领。

　　2）高效的 PPT 编辑技法。通过专题模块告诉读者 PPT 中的文字应用、模板、图片、表格、线条以及动画等技巧。

　　3）完整的 PPT 设计制作流程。以专业策划与设计的模板为基础，详细讲解母版设计，让读者准确理解完整的商务 PPT 制作过程。

3. 本书教学资源

　　本书配有授课电子课件和素材，需要的教师可登录 www.cmpedu.com 免费注册、审核通过后下载。

　　本书由於文刚、刘万辉、安进主编。编写分工为：安进编写第 1 章，於文刚编写第 2 ~ 4 章，朱琳编写第 5、7 章，刘万辉编写第 6 章、于春玲编写第 8 章，吴银芳编写第 9 章，毕喜彦、陈利国编写第 10 章。

　　由于编者水平有限，错误与不足之处在所难免，敬请广大读者批评指正。

编　者

目　　录

出版说明

前言

第1章　PPT概述 ················· *1*

1.1　PPT介绍 ···················· *1*

1.1.1　PPT简介 ················· *1*

1.1.2　PPT的主要用途 ·········· *1*

1.1.3　PPT的分类 ·············· *2*

1.1.4　做PPT的根本目的 ········ *3*

1.2　如何制作优秀的PPT ········· *4*

1.2.1　PPT的设计原则 ·········· *4*

1.2.2　做好PPT基本的技巧和方法 ·· *6*

1.2.3　向优秀的作品学习提高

技能的方法 ·············· *9*

1.2.4　制作PPT的流程 ·········· *10*

1.3　案例：优秀PPT资源的收集与

整理 ······················ *12*

1.3.1　案例1：收集视频、音频、图片

资源的方法 ············· *12*

1.3.2　案例2：获取PPT中视频、音频、

图片的方法 ············· *13*

1.4　拓展训练···················· *14*

第2章　PPT的美学基础 ·········· *16*

2.1　PPT的风格定位 ············· *16*

2.1.1　确定演示文稿的类型 ····· *16*

2.1.2　收集演示文稿的素材和内容 ·· *17*

2.1.3　策划幻灯片的布局方式 ···· *18*

2.1.4　色彩分析 ················ *19*

2.2　PPT的布局结构 ············· *20*

2.2.1　上下布局结构 ············ *20*

2.2.2　左右布局结构 ············ *21*

2.2.3　竖排布局结构 ············ *21*

2.3　PPT的形式美 ··············· *22*

2.3.1　统一与变化 ·············· *22*

2.3.2　对称与平衡 ·············· *23*

2.3.3　对比与调和 ·············· *24*

2.3.4　节奏与韵律 ·············· *25*

2.3.5　视觉重心 ················ *25*

2.4　PPT的色彩搭配 ············· *26*

2.4.1　色彩的基本理论 ·········· *26*

2.4.2　确定PPT色彩的基本方法 ·· *27*

2.5　PPT的平面构成 ············· *29*

2.5.1　PPT中的点 ·············· *29*

2.5.2　PPT中的线 ·············· *30*

2.5.3　PPT中的面 ·············· *31*

2.5.4　PPT中的体 ·············· *33*

2.6　PPT制作中的图像处理技巧 ···· *33*

2.6.1　认识Photoshop CC的界面 ·· *33*

2.6.2　案例1：Photoshop抠图获取

PNG图像 ··············· *34*

2.6.3　案例2：使用Photoshop多边形套索

工具获取PNG图像 ······ *36*

2.6.4　案例3：在PSD图中获取PNG

图像 ··················· *37*

2.6.5　案例4：从矢量素材中导出

PNG图像 ··············· *38*

2.7　拓展训练···················· *39*

第3章　PPT策划 ················· *40*

3.1　需求分析···················· *40*

3.1.1　定位分析 ················ *40*

3.1.2　受众分析 ················ *41*

3.1.3　环境分析 ················ *43*

3.2　内容策划···················· *43*

3.2.1　提炼核心观点 ············ *43*

3.2.2　寻找思维线索 ············ *46*

3.2.3　分析逻辑关系 ············ *47*

3.2.4　删除次要信息 ············ *48*

3.3 PPT 框架设计 ·············· *48*
  3.3.1 PPT 框架的设计方法 ········· *48*
  3.3.2 常见的 PPT 框架结构 ········ *49*
3.4 思维导图在 PPT 策划中的
    应用 ·················· *51*
  3.4.1 思维导图简介 ············ *51*
  3.4.2 案例：运用 iMindMap 软件设计
      PPT 框架 ·············· *51*
3.5 策划案例：事业单位工作
    汇报 ·················· *53*
  3.5.1 案例 1：文稿材料的整理 ···· *53*
  3.5.2 案例 2：PPT 框架策划 ······ *55*
  3.5.3 案例 3：PPT 设计效果展示 ··· *56*
3.6 拓展训练 ················ *57*
第 4 章　PPT 基础与文字 ·········· *58*
4.1 初探 PowerPoint 2013 ······· *58*
  4.1.1 PowerPoint 2013 的操作界面 ·· *58*
  4.1.2 PowerPoint 2013 视图方式 ··· *60*
4.2 创建、保存与关闭演示文稿 ···· *61*
  4.2.1 创建演示文稿 ············ *61*
  4.2.2 保存与关闭演示文稿 ······· *62*
4.3 幻灯片的基本操作 ·········· *63*
4.4 幻灯片的页面设置 ·········· *63*
  4.4.1 设置幻灯片的大小和方向 ······· *64*
  4.4.2 设置页眉和页脚 ·········· *64*
4.5 幻灯片的文字使用 ·········· *65*
  4.5.1 文本的输入、编辑与格式化 ···· *65*
  4.5.2 艺术字的使用 ············ *65*
4.6 PPT 中的字体使用 ·········· *67*
  4.6.1 中文字体的介绍 ·········· *67*
  4.6.2 字体的分类 ············· *67*
  4.6.3 字体的使用技巧 ·········· *68*
  4.6.4 PPT 中字体的经典组合体 ···· *70*
4.7 文本型 PPT 处理的方法与
    技巧 ·················· *71*
  4.7.1 技巧：文字的凝练 ········· *71*
  4.7.2 文本型幻灯片的展示 ······· *73*
  4.7.3 排版技巧案例：PPT 界面设计的
      CRAP 原则 ············· *73*

  4.7.4 文本型 PPT 案例：事业单位
      工作汇报 ·············· *76*
  4.7.5 经验：新手制作幻灯片常犯的
      10 个错误与对策 ········· *78*
4.8 拓展训练 ················ *80*
第 5 章　PPT 模板 ············· *82*
5.1 演示文稿的主题 ············ *82*
  5.1.1 应用内置的主题 ·········· *82*
  5.1.2 自定义主题样式 ·········· *83*
  5.1.3 自定义字体 ············· *84*
5.2 幻灯片背景 ··············· *85*
  5.2.1 应用纯色填充背景 ········· *85*
  5.2.2 应用渐变填充背景 ········· *86*
  5.2.3 应用图片背景 ············ *86*
5.3 幻灯片母版 ··············· *87*
  5.3.1 认识母版 ·············· *87*
  5.3.2 母版的类型 ············· *87*
5.4 案例：编辑幻灯片母版 ······· *88*
  5.4.1 插入幻灯片母版 ·········· *88*
  5.4.2 删除幻灯片母版 ·········· *89*
  5.4.3 重命名幻灯片母版 ········· *89*
  5.4.4 复制幻灯片母版 ·········· *89*
  5.4.5 保留幻灯片母版 ·········· *89*
5.5 案例：祯瑜商贸有限公司
    PPT 美化 ··············· *89*
  5.5.1 设置母版背景样式 ········· *90*
  5.5.2 设置母版文本 ············ *91*
  5.5.3 设置母版项目符号和编号 ···· *92*
  5.5.4 设置日期、编号和页眉页脚 ··· *92*
  5.5.5 案例效果展示 ············ *93*
5.6 案例：易百米快递——创业案例
    介绍 ·················· *93*
  5.6.1 案例 1：封面设计 ········· *93*
  5.6.2 案例 2：导航页面设计 ······ *96*
  5.6.3 案例 3：内容页设计 ······· *100*
  5.6.4 案例 4：封底设计 ········· *101*
5.7 拓展训练 ················ *101*
第 6 章　PPT 图像 ············· *103*
6.1 图像的作用与分类 ·········· *103*

6.1.1 PPT 中图像的作用 ………… 103
6.1.2 PPT 中常用的图片类型 … 103
6.1.3 PPT 中图片的挑选方法 … 105
6.2 使用图片 ………………………… 107
6.2.1 插入图片与调整 …………… 107
6.2.2 设置图片的样式 …………… 109
6.2.3 设置版式与形式 …………… 110
6.3 图片效果的应用技巧 ……… 111
6.4 图像的排列技巧 ……………… 114
6.4.1 多图排列的技巧 …………… 114
6.4.2 强调突出型图片的处理 … 115
6.4.3 图文混排的技巧 …………… 115
6.5 全图型 PPT 的制作
技巧 ………………………………… 117
6.6 案例：企业校园招聘宣讲会 … 119
6.6.1 案例介绍 …………………… 119
6.6.2 PPT 框架策划 ……………… 119
6.6.3 PPT 设计思路 ……………… 120
6.6.4 PPT 效果展示 ……………… 120
6.7 拓展训练 ………………………… 120

第 7 章 PPT 图表 ………………… 123
7.1 使用表格 ………………………… 123
7.1.1 创建表格 …………………… 123
7.1.2 表格的编辑 ………………… 124
7.1.3 表格的美化 ………………… 124
7.1.4 表格的形式 ………………… 124
7.1.5 案例：表格的应用技巧 … 125
7.2 逻辑关系图表 ………………… 127
7.2.1 认识逻辑关系图表 ……… 127
7.2.2 案例：绘制自选图形 …… 132
7.2.3 创建 SmartArt 图形 ……… 135
7.3 数据分析图表 ………………… 137
7.3.1 认识数据图表 …………… 137
7.3.2 插入数据图表 …………… 138
7.3.3 编辑数据图表 …………… 139
7.3.4 编辑图表数据 …………… 140
7.3.5 设置图表布局与样式 …… 141
7.4 案例：中国汽车权威数据
发布 ……………………………… 143

7.4.1 案例介绍：2015 年度中国汽车权威
数据发布节选 ………… 143
7.4.2 案例分析 …………………… 144
7.4.3 案例 1：整体页面效果 … 145
7.4.4 案例 2：封面与封底的实现与
制作 …………………………… 146
7.4.5 案例 3：目录页的制作 … 147
7.4.6 案例 4：过渡页的制作 … 149
7.4.7 案例 5：数据图表页面的
制作 ………………………… 150
7.5 拓展训练 ………………………… 155

第 8 章 PPT 动画 ………………… 157
8.1 动画概述 ………………………… 157
8.1.1 动画的原理 ………………… 157
8.1.2 动画的作用 ………………… 157
8.1.3 PPT 动画表达遵循的标准 … 157
8.2 动画的分类与基本设置 …… 159
8.2.1 动画的分类 ………………… 159
8.2.2 动画的基本设置 …………… 159
8.2.3 动画的操控方法 …………… 163
8.2.4 常用动画的特点分析 …… 165
8.3 案例：动画效果高级应用——手机
滑屏动画 ……………………… 167
8.3.1 动画的叠加、衔接与组合 … 168
8.3.2 手机滑屏动画实现过程 … 169
8.3.3 设置动画触发器 …………… 172
8.3.4 动画控制时选择窗口的应用 … 173
8.4 案例：简单动画的设计技巧 … 174
8.4.1 案例 1：文本的"按字母"
动画设计 ………………… 174
8.4.2 案例 2：动画的重复与自动
翻转效果 ………………… 176
8.4.3 案例 3：单个对象的组合
动画 ……………………… 177
8.4.4 案例 4：多个对象的组合
动画 ……………………… 178
8.5 幻灯片的切换方式 …………… 180
8.5.1 PPT 的切换效果 ………… 180
8.5.2 编辑切换声音和速度 ……… 181

8.5.3 设置幻灯片切换方式 ··········· 181
8.5.4 案例：PPT 的无缝连接 ········· 181
8.6 案例：片头动画的设计 ········ 183
8.6.1 案例需求与展示 ············· 183
8.6.2 案例实现 ··················· 183
8.7 拓展训练 ······················· 187
第 9 章 PPT 影音 ················· 188
9.1 声音的插入与调整 ··········· 188
9.1.1 常见的音频格式 ············· 188
9.1.2 添加各类声音 ··············· 188
9.1.3 添加录制声音 ··············· 189
9.2 设置声音属性 ··············· 190
9.2.1 添加和删除书签 ············· 190
9.2.2 设置声音的隐藏 ············· 190
9.2.3 音频的剪辑 ················· 191
9.2.4 设置音频的淡入与淡出效果 ··· 191
9.2.5 设置音频的音量 ············· 191
9.2.6 设置声音连续播放 ··········· 191
9.2.7 设置播放声音模式 ··········· 191
9.3 添加视频 ····················· 192
9.3.1 常见的视频格式 ············· 192
9.3.2 添加文件中的视频 ··········· 192
9.4 设置视频属性 ··············· 193
9.4.1 设置视频相关"格式"选项 ··· 194
9.4.2 设置视频相关"播放"选项 ··· 194
9.4.3 插入 Flash 视频 ············· 196

9.5 拓展训练 ····················· 198
第 10 章 PPT 演示 ··············· 199
10.1 放映前的设置 ··············· 199
10.1.1 设置幻灯片的放映方式 ········ 199
10.1.2 隐藏幻灯片 ················· 200
10.1.3 排练计时 ··················· 201
10.1.4 录制旁白 ··················· 201
10.1.5 手动设置放映时间 ··········· 203
10.2 放映幻灯片 ················· 203
10.2.1 启动幻灯片放映 ············· 203
10.2.2 控制幻灯片的放映 ··········· 205
10.2.3 添加墨迹注释 ··············· 205
10.2.4 设置黑屏或白屏 ············· 206
10.2.5 隐藏或显示鼠标指针 ········· 206
10.3 幻灯片打印 ················· 206
10.3.1 页面设置 ··················· 206
10.3.2 打印设置 ··················· 207
10.3.3 打印演示文稿 ··············· 208
10.4 幻灯片共享 ················· 208
10.4.1 打包演示文稿 ··············· 208
10.4.2 输出视频 ··················· 209
10.4.3 输出 PDF 与其他图片形式 ··· 210
10.5 案例：数字大屏幕 PPT
     演示 ······················· 211
10.6 拓展训练 ····················· 213
参考文献 ····························· 214

第1章 PPT 概述

1.1 PPT 介绍

PPT 是当今使用率最高的办公软件之一，一个优秀的 PPT 可以更直观地表达演示者的观点，让观众更容易接受演示者要表达的内容。

1.1.1 PPT 简介

据不完全统计，每天至少有几亿人在看 PPT，正像美国社会科学家 Rich Moran 曾说过的：PPT 是 21 世纪新的世界语！

PowerPoint 不是微软公司最初发明的，而是美国名校伯克利大学 Robert Gaskins 博士发明的，但微软公司将 PowerPoint 收购，并最终把它发扬光大。

PPT 就是 Microsoft Office PowerPoint 的简称，做出来的东西称为演示文稿。由于文件命名的时候遵循了微软公司当时扩展名的命名原则：扩展名不能超过 3 个字母。所以就有了 PPT = PowerPoint，从 PowerPoint 2007 版本以后 PPT 的扩展名变为了 pptx，当然 PPT 也可以保存为 PDF、图片格式等。PowerPoint 2010 及以上版本中可保存为 MP4、WMV 等视频格式。演示文稿中的每一页就称为幻灯片，每页幻灯片都是演示文稿中既相互独立又相互联系的内容。

常用的 PowerPoint 版本有 PowerPoint 2003、PowerPoint 2007、PowerPoint 2010、PowerPoint 2013、PowerPoint 2016 等，PowerPoint 2013 版本如今已经比较成熟，为演示文稿带来更多活力和视觉冲击，本书将以 2013 版本为蓝本进行讲解。

1.1.2 PPT 的主要用途

PPT 的目的在于有效沟通，通常情况下，介绍工作计划、做报告或演示作品，最好的方法就是事先准备一些带有文字、图片、图表的幻灯片，然后在播放幻灯片的同时配以丰富详实的讲解，这时就需要用到 PPT。

一套完整的 PPT 文件一般包含：片头、封面、前言、目录、过渡页、正文页、封底及片尾等；所采用的素材有：文字、图片、图表、动画、声音及影片等；国际领先的 PPT 设计公司有：themegallery、poweredtemplates、presentationload 等，我国的 PPT 应用水平逐步提高，应用领域越来越广。因为 PowerPoint 可以轻松、高效地制作出图文并茂、声形兼备、变化效果丰富多彩的多媒体演示文稿，所以在工作汇报、企业宣传、产品推介、婚礼庆典、项目竞标、管理咨询以及教育培训等领域占着举足轻重的地位。

PPT 的专业用途包括：用于公开演讲、商务沟通、产品推广、营销分析、页面报告、培训课件以及文化宣传等正式工作场合；其非专业用途包括：用于个人相册、生活日记以及高效动画等娱乐休闲场合。

1.1.3 PPT 的分类

PPT 是企业进行产品推广、项目策划、工作总结以及公司介绍的重要演示工具。人们经常能接触的幻灯片种类很多，一般很难具体分类。在此简单地介绍几类职场上常用的幻灯片。

1. 按演示文稿的特点分类

按不同演示文稿的特点，可以将 PPT 简单地分为文本型、图片型、图解型以及图表型，如图 1-1 所示。

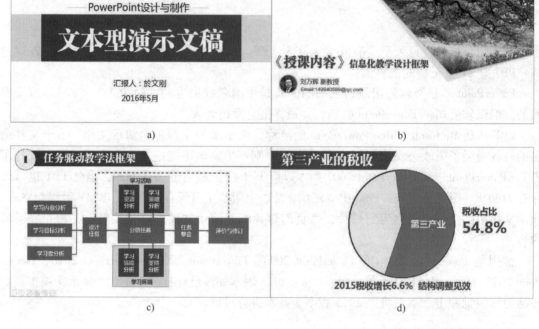

图 1-1　演示文稿的特点分类

a）文本型　b）图片型　c）图解型　d）图表型

2. 按功能应用分类

通常情况下，人们经常看到的 PPT 一般都是图片多一点的或者文字多一点的，所以按这种特点对 PPT 分类，PPT 大致可以分为：商业演示型与页面阅读型。

图 1-2 所示为一个商业演示型 PPT，它的特点就是图多字少。图 1-3 所示为一个页面阅读型 PPT，它的特点就是图少字多。

3. 按页面风格分类

通常情况下用户自己做 PPT 时，根据讲述内容的不同，PPT 的风格也是不一样的，但用户普遍见到的风格有两种：全图型 PPT 与半图型 PPT。

图 1-4 所示的两个页面都为全图型 PPT。全图型 PPT 是整个页面由一张图片作为背景，配有少量文字或不配文字的 PPT 设计风格，这是 PPT 设计大师 Garr Renolds 极力推荐的一种风格。半图型 PPT 样例如图 1-5 所示。

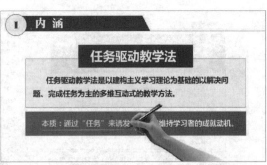

图 1-2　商业演示型 PPT 样例　　　　　　　图 1-3　页面阅读型 PPT 样例

a)　　　　　　　　　　　　　　　　　　　b)

图 1-4　全图型 PPT 样例

a）全图型 PPT 封面　b）全图型 PPT 内容介绍

a)　　　　　　　　　　　　　　　　　　　b)

图 1-5　半图型 PPT 样例

a）半图型 PPT 内容页 1　b）半图型 PPT 内容页 2

1.1.4　做 PPT 的根本目的

经常会有人问：为什么职业场合都喜欢用 PPT 呢？因为客户永远是缺乏耐心的，他们没有时间看长篇大论的文稿；老板永远是没有时间的，他们没有空听职员讲个不停；听众永远是喜新厌旧的，他们不会喜欢满篇"项目符号＋文字"的页面。所以，用户应该思考这样的问题：能抓住眼球的 PPT 不一定是好的 PPT，但连眼球都抓不住的 PPT 肯定不是好的PPT；如果听众很难或发散理解 PPT 的内容，那么他们也不会有效理解演讲者的意图。图 1-6 所示的两个页面为修改前后的 PPT 页面效果。

a)   b)

图 1-6　修改前后的 PPT 页面效果

a）修改前的页面　b）修改后的页面效果

1.2　如何制作优秀的 PPT

真正优秀的 PPT 制作者在制作 PPT 之前一定会站在观众的角度去考虑，并且明白 PPT 将要传达怎样的重要信息。对于初学者而言，更应该向好的 PPT 作品学习，这样才能做出属于自己的优秀 PPT 作品。

1.2.1　PPT 的设计原则

现在很多人都在制作 PPT，但是真正能做好 PPT 的人却很少。针对这种情况，下面主要介绍一下在制作 PPT 时需要把握的基本原则。

1. 要站在观众的角度设计 PPT

PPT 的一大忌就是文字过多，过多的文字会给观众造成"看"的信息负担，反而影响"听"的效率，所以较少文字比大量文字的 PPT 更能够让观众有效地掌握和吸收内容。

样例：私家车到底有多少？

2015 年，以个人名义登记的小型载客汽车（私家车）超1.24 亿辆，比2014 年增加了1877 万辆。全国平均每百户家庭拥有31 辆私家车。北京、成都、深圳等大城市每百户家庭拥有私家车超过60 辆。

站在观众的角度设计 PPT 应该是让他们一看清晰明了，易于掌握。图 1-7 所示呈现的这个 PPT，应该能达到目的。

所以，制作者要考虑在制作文字较多的 PPT 时需思考的几点建议。

➢ 单页幻灯片中的信息量越大，观众记住的信息量就越少。

➢ 要把听众希望看到、听到什么放在第一位，而不是我要讲什么。

➢ 要在内容提炼上下功夫，PPT 不是演讲者的提示器。

2. 精炼 PPT 要传递的内容

PPT 内容精炼非常重要，这体现了演讲者的目的，精炼的传递演讲者需要表达的信息。

有些 PPT 让人一看就感觉头疼，让受众很难理解，这就是 PPT 的另一大忌：过于复杂。通常境况下，复杂对观众的理解能力是一种挑战，简洁对制作者的提炼能力是一种挑战。

图 1-8a 所示所呈现的这个 PPT，受众一看就会感到传递的信息太多，而不知其所云。

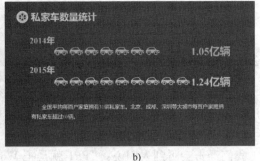

a)   b)

图 1-7   清晰明了的 PPT 效果页面
a) 标题页面   b) 内容页面

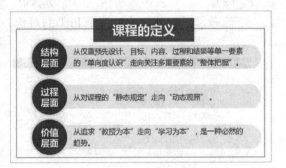

a)   b)

图 1-8   内容过多的 PPT 页面
a) 原始内容   b) 提炼后的页面

这样的幻灯片无疑是不成功的,首先制作者的思路就是很混乱的,文字、图形、图表罗列一大堆,却找不到中心主旨;其次幻灯片看起来复杂多变,让人摸不着头绪。

所以在制作内容复杂的 PPT 时应注意以下问题。

➤ 人们的大脑偏爱简洁。

➤ 如果演讲者提供的信息量过大,听众就会失去继续浏览的兴趣。

➤ 不仅需要思考受众看到的是什么,还要想别人看到后是否可以产生一致的理解。

3. 页面设计要清晰、美观、有条理

基于认知学,人们对那些"视觉化"的事物往往能增强表象、记忆与思维等方面的反应强度,更加容易接受。所以,个性的图片、简洁的文字以及专业清晰的模板都能使 PPT 说话,对观众更具有吸引力。

同时,清晰的条理性和层次性能够使 PPT 便于接受和记忆。逻辑化的 PPT 就像讲故事一样,便于受众接受。

学习 PPT 的过程中,用户会遇到各种问题,希望在使用过程中能回避以下问题。

➤ Word 的文件的搬家。

➤ 滥用模板,或者用错模板。

➤ 滥用图表,或者图表使用业余。

➤ 滥用图片,或者图片质量低劣。

> 排版不规范，页面乱七八糟。
> PPT 五颜六色，色彩冲突。

1.2.2 做好 PPT 基本的技巧和方法

对于新手而言，要想做出优秀的 PPT，必须从基础做起，掌握好其中一些基本的技巧和方法。

1. PPT 中切忌使用大段文字

我们经常会听到人们说："PPT 就是把 Word 里的文字复制、粘贴，很简单的。"如果只是这样，那 PPT 还有何存在的意义呢？

PPT 的本质在于可视化，就是要把原来看不见、摸不着、晦涩难懂的抽象文字转化为由图表、图片、动画及声音所构成的生动场景，使其通俗易懂，栩栩如生。

下面通过图 1-9 所示的两个 PPT 的对比，来感受一下其中的差异。

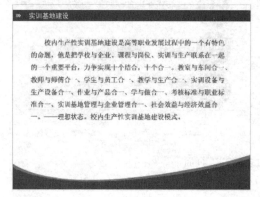 

a)   b)

图 1-9　内容精炼前后的 PPT 页面
a）原文字页面　b）修改后的文字页面

图 1-9a 所示的 PPT 只让人们记住了是一大段文字，图 1-9b 所示的 PPT 通过图解却让人们记住了"十个合一"的具体内容。

2. 要简短，而不是简陋

简短，对 PPT 的制作提高了要求，需要了解观众最关心的事情，哪些内容是非讲不可的，哪些内容是可以省去的，这是一个反复的过程，但标准只有一个：不让观众有打哈欠的时间。简短的另一个好处就是意犹未尽，回味无穷。

但是简短不等于简陋。对绝大部分人来说，字少的 PPT 肯定比字多的 PPT 质量高，但字少的 PPT 不一定简洁，可能是简陋。字多也不一定是繁杂，可能是强调。

下面通过图 1-10 所示的两个 PPT 的对比来感受一下其中的差异。

图 1-10a 所示的 PPT 虽然字很少，但是太单调。经过简单的修饰后，图 1-10b 所示的 PPT 的字仍然很少，但看起来却不简陋了。

3. 设计是 PPT 卓越之本

通常，人们把 PPT 归结为办公处理类的工具，认为只要简单排版就可以满足需求。但

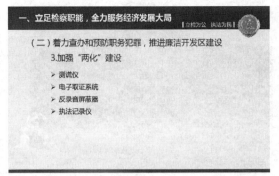
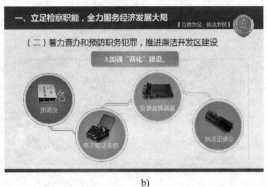

a)   b)

图1-10　修饰前后的PPT页面

a) 原文字页面　b) 修改后的文字页面

随着人们审美标准的提高，这个观点已经不再成立了，特别是对外PPT，正成为公司形象识别系统的重要组成部分，代表了一个公司的脸面。设计正成为PPT核心技能之一，也是PPT水准高低的基本标准。

设计并非一日之功，但大家可以找到捷径。首先要善用专业素材，具体包括：专业的PPT模板、专业的PPT图表、专业的数字图像资源。

其次要掌握排版的基本原则：一个中心、合理对齐、画面统一、强烈对比以及层次分明。

最后就是要多看精美的PPT案例，多向优秀的作品学习，要多写浏览笔记，吸取精华，为自己所用。

"巧妇难为无米之炊"，拥有一个"好又多"的素材库是决定用户能否快速制作一个赏心悦目PPT的关键，这些素材来自于哪里呢？浩瀚的互联网为用户提供了巨大的素材仓库。

4. 动画是PPT的灵魂

自PPT产生以来，动画就一直是最大的争议。有人认为，PPT就是幻灯片，就是一页一页翻过去的图片加文字，根本不需要动画；相反，也有无数的人对PPT动画矢志不移，用自己的实践一次次创造着PPT动画领域的传奇。

PPT中常用的动画从类型上分主要包括以下4种，分别是：进入动画（从无到有）、强调动画（用特殊方式强调重要内容）、退出动画（从有到无）、动作路径动画（元素的移动）、页面切换动画（PPT的转场效果）。

PPT中常用的动画从功能上分主要包括以下5种，分别是：片头动画（抓住观众眼球）、逻辑动画（逻辑分析）、强调动画（用特殊方式强调重要内容）、片尾动画（衔接自然）以及情景动画（小故事）。

下面通过一个简单的例子演示一下使用PPT完成的片头动画的效果，如图1-11所示。

5. 图表是PPT的利器

商业演示的基本内容就是数据，所以图表是必不可少的，最早出现的是柱状图、饼图、线图、雷达图等。

通过PPT图表，文字和数据可以像图画一样精美、形象、栩栩如生。

示例文本：全国有40个城市的汽车保有量超百万辆，其中北京、成都、深圳、上海、

图 1-11 PPT动画效果演示

a) 动画页面1 b) 动画页面2 c) 动画页面3 d) 动画页面4

重庆、天津、苏州、郑州、杭州、广州、西安11个城市汽车保有量超过200万辆。

　　PPT内表格表达与图表的效果是不相同的，图1-12a所示为表格的表达，图1-12b所示为柱状数据图表的表达，显然柱状数据图表的表达方式更加直观、形象。

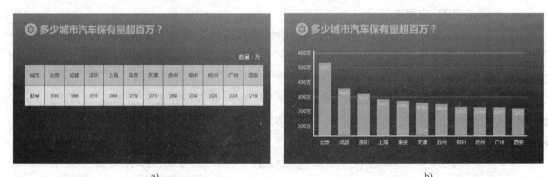

a)　　　　　　　　　　　　　　　　　　b)

图 1-12 PPT表格与图表表达的效果

a) 表格的表达 b) 柱状数据图表的表达

　　下面通过一个简单的例子看一下如何使用PPT中的图表进行信息展示。

　　示例文本：2015年我国共有男性驾驶员：2.4亿人，女性驾驶员：8415万人。

图1-13所示为PPT图表表达的效果。

 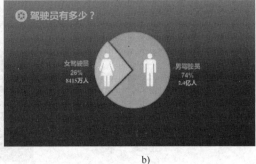

a)   b)

图 1-13   PPT 图表表达的效果

a）图表表达方式 1   b）图表表达方式 2

1.2.3   向优秀的作品学习提高技能的方法

要想做出优秀的 PPT，大家不仅要学习 PPT 的专业技巧，还应该向一些广告和大师的作品学习。

1. 学习优秀的 PPT 作品

图 1-14a 所示是演界网上"夏影 PPT 工作室作品"的一个动态高端定制级企业演示汇报类商务 PPT 模板，它的特点是简单大气，文字与图片搭配合理，整体画面感很强。以这页模板为参考，大家可以借鉴修改制作新的 PPT 封面，如图 1-14b 所示。

 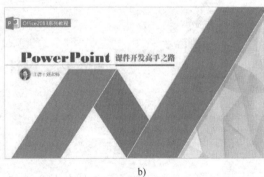

a)   b)

图 1-14   借鉴优秀的企业 PPT 页面或模板

a）参考 PPT 界面   b）借鉴制作的 PPT 界面

2. 学习优秀的民间艺术作品

在制作 PPT 时，大家可以适当采用一些有借鉴性的民间优秀的艺术作品作为 PPT 的背景图片或相关素材，从而增加 PPT 的画面厚重感。

图 1-15 所示的图片是中国传统剪纸，它不仅仅代表传统的剪纸艺术，更代表了传统的中国文化。

图 1-16 所示的这张图片是利用了民间剪纸图片作为素材而制作的 PPT，完美地贴合了 PPT 要传达的信息，将浓郁的文化气息与现代 PPT 应用结合在一起，生动形象。

图 1-15　优秀的民间剪纸艺术　　　　图 1-16　借鉴优秀的民间剪纸艺术制作的 PPT 页面

当然在婚庆 PPT 制作中，也可以利用民间剪纸、对联等艺术图片作为素材制作，虽然版面简洁，但足以传达出制作者的美好祝福。

3. 学习优秀的现代数字作品

用户也可以借鉴或使用一些优秀的现代风格的数字作品来修饰 PPT。

图 1-17a 所示这张图片是时尚铁艺作品，它的特点是质感很强，具有较好的视觉效果，应用到 PPT 中具有很好的美感。

图 1-17b 所示这张图片是一幅色彩绚丽的作品，它能很好地展示色彩带给人们的视觉冲击。

a)　　　　　　　　　　　　　　　　　b)

图 1-17　借鉴优秀的现代数字图片
a) 时尚铁艺设计图片　b) 色彩设计图片

4. 学习优秀的印刷品

图 1-18 所示的图片是 NYP 学院的宣传册，整个图册富有时代感。

借鉴图 1-18 所示完成的 PPT 页面效果如图 1-19 所示。

5. 学习优秀的网站页面

图 1-20a 所示为某企业的网站页面，图 1-20b 所示为借鉴修改后的 PPT 界面。

1.2.4　制作 PPT 的流程

PPT 演示文稿的制作过程一般可以分为 4 个阶段，下面分别对这几个阶段进行介绍。

图 1-18　借鉴优秀的印刷品

a）图册封面图片　b）图册封底图片

图 1-19　借鉴修改的 PPT 页面

a）PPT 封面页　b）PPT 尾页

图 1-20　学习优秀的网站页面

a）网站页面　b）PPT 页面

1. 设计优先，完成逻辑设计

逻辑是 PPT 的灵魂，要先归纳与总结，找出一条清晰的逻辑主线，构建 PPT 的整体框架。开始制作时不要匆忙地去查资料，而是用笔在纸上或在计算机上罗列出提纲，最好能简单地画出逻辑结构图。打开 PPT，不要用任何模板，将所列出的提纲按一个标题一页一页地整理出来。有了整篇结构性的 PPT，就可以开始去查资料了，将适合标题表达的内容写出来或从网上复制进来，推敲文字，每页的内容做成带"项目编号"的要点。当然在查阅资料的过程中，可能会发现新的资料，非常有用，却不在提纲范围中，则可以进行调整，在合适的位置增加新的页面。

2. PPT 内容的制作与页面美化

PPT 逻辑主线完成后，需要对其内容进行美化，如制作或选择合适的母版、选择字体、选择图标及选择图表等，核心目的是使 PPT 更具有观赏性。

选用合适的母版，根据所要表达的内容选用不同的色彩搭配，如果觉得 Office 自带的母版不合适，自己在母版视图中进行调整，加背景图、Logo、装饰图等，也可以根据需要设计制作母版。确定母版之后，根据 PPT 中的内容确定哪些可以做成图，如果其中带有数字、流程、因果关系、障碍、趋势、时间、并列及顺序等内容，全都考虑用图的方式来表现。如果内容过多或用图无法表现，可以使用表格来表现。最后才用文字说明。所以，最好的表现顺序是：图、表、字。图首先要表达准确，然后是美观。根据母版的色调，将图进行美化，调整颜色、阴影、立体、线条，美化表格、突出文字等。注意在此过程中，把握整个 PPT 的颜色不要超过 3 个色系。

3. 添加动画和声音等效果

动画是引导观众的重要手段，它使整个页面显得生动活泼且富有感染力；添加声音则更有参与感。本阶段除了完成对元素的动画设计外，还需要制作自然无缝的页面切换。所以，首先要根据 PPT 的使用场合考虑是否使用动画，而后谨慎选择动画的形式，保证每个动画都有存在的道理。

4. 打包测试，放映演示 PPT

制作完毕后可进行测试预演，测试阶段要在放映状态下，自己通读一遍，哪里不合适或不满意就进行调整，修改错别字；如果还是不满意，可返回普通视图进行修改。

要想获得较好的演示效果，必须熟悉 PPT 的内容，记清动画的先后顺序，充分准备才能达到目的。演示者最好能花一定时间在每一页上备注其详细讲稿，然后多次排练、计时、修改讲稿，直到能够熟练并且能自然讲解为止。此外，还需要注意演讲时的态度、声音、语调，提醒自己克服身体的晃动、摇摆以及其他不得体的行为，设想可能的突发情况并预先想好解决的方法。

1.3 案例：优秀 PPT 资源的收集与整理

1.3.1 案例 1：收集视频、音频、图片资源的方法

要学好 PowerPoint 商务简报的制作技术，收集与积累素材是一件基本的工作，通过分析优秀的 PPT 作品以及相关评价不断提高自己的专业素养，优秀 PPT 的收集与整理方法如下。

1. 优秀 PPT 的收集方式

优秀 PPT 的收集方式通常有以下几种。

1）世界知名、国内知名的 PPT 演示企业网站，如表 1-1 所示。

表 1-1　常用的 PPT 资源列表

网 站 名 称	网　　　址
韩国 ThemeGallery	http://www. themegallery. com/english/
韩国 BIZPPT	http://www. bizppt. com/
演界网	http://www. yanj. cn/
上海锐普	http://www. rapidbbs. cn/
上海诺睿	http://www. nordridesign. com/
北京锐得	http://www. ruideppt. net
站长网 PPT 资源	http://sc. chinaz. com/ppt/
站长网高清图片	http://sc. chinaz. com/tupian/
淘图网	http://www. taopic. com/
千图网	http://www. 58pic. com/
68design 网页设计联盟网	http://www. 68design. net/

　　2）PPT 设计企业的典型案例。例如在百度搜索引擎中检索关键词"PPT 设计",就可以搜索很多专业从事 PPT 定制的企业,然后浏览其典型的案例。

　　3）购买收集优秀 PPT 书籍,收集免费资源。

2. 归类整理

　　搜索完成后,要注意对资源的归类与整理,归类的方法是根据搜集的素材类型创建不同的文件夹,将素材分类进行存放,PPT 资源的分类与积累如图 1-21 所示。

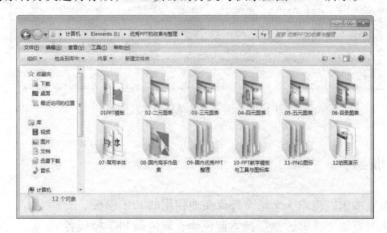

图 1-21　PPT 资源的分类与积累

1.3.2　案例 2:获取 PPT 中视频、音频、图片的方法

　　使用 PowerPoint 2013 版本制作的 PPT 文件,扩展名为 pptx,这是一种压缩格式的文件,比以前使用的 PPT 格式文件相对要小很多,原因是 PowerPoint 软件将一些图像进行了压缩单独保存。如果想快速提取 pptx 文件中的图像文件,方法很简单,只需要将 pptx 扩展名改为

rar，例如，将"汽车保险与理赔.pptx"修改为"汽车保险与理赔.rar"，然后进行解压缩就可以了，如图1-22所示，在警告提示对话框中单击"是"按钮即可。

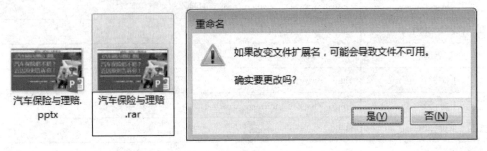

图1-22　更改文件扩展名

用鼠标双击"汽车保险与理赔.rar"即可使用压缩软件打开文件，在"文件名/ppt/media"文件夹中找到原PPT中所有图片，如有音频、视频，也可以在此文件夹中找到，如图1-23所示。

图1-23　图片与其他资源存放路径

1.4　拓展训练

1）使用百度搜索，搜索5个适合环保企业使用的PPT模板。

2）建立素材资源文件夹，然后搜索蓝色调、绿色调PPT模板各10个。

3）依据图1-21中的文件夹进行分类搜索，每类资源搜索两项。

4）打开演界网（http://www.yanj.cn）如图1-24所示，单击"注册"超级链接注册用户，然后登录网站，进入"免费演品"栏目，搜索5个适合现代信息产业企业使用的PPT模板，并搜索5个适合医疗与环保行业使用的PPT模板。

图1-24　演界网界面

第2章 PPT的美学基础

2.1 PPT的风格定位

演示文稿都包含有多张幻灯片，如果每张幻灯片都各自具有不同的风格特征，则会给观众留下杂乱不堪的感受，因此，要制作一个演示文稿，应在整体上使每张幻灯片具有统一的风格。在制作幻灯片时，用户可以按照图2-1所示的流程来进行。

图2-1 PPT的风格定位流程

2.1.1 确定演示文稿的类型

在制作演示文稿之前，由于不同的类型具有不同的风格，所以首先需要确定演示文稿的类型，一般来讲演示文稿的类型主要包含调查报告、演讲、产品展示、课件及相册等类型。演示文稿的类型确定了它所在领域或者面向对象（客户）的范围，同时，演示文稿的类型，也体现出所具有的特点和主题风格。

因此，制作演示文稿时，都应该根据演示文稿的类型来制作。否则，容易偏离演示文稿制作的目的，达不到预想的演示效果。

主题是演示文稿所要表述的主要内容。确定演示文稿的主题，不仅要结合该幻灯片的具体内容，还要突出反映演示文稿涉及领域的特色，才能展现出演示文稿的作用。主题是目标，内容是根本，一个成功的演示文稿在内容方面必须紧扣在主题的范围之内，才能不脱离演示文稿设计和制作的技术轨道。

例如，在图2-2所示的演示文稿中，作为政府行政部门的发展规划暨工作计划，主要包括发展规划、工作计划两部分内容，色彩以蓝色为主，体现了庄重、严肃的主题的需要。

a)   b)

图2-2 清晰明了的PPT效果页面

a) 封面 b) 目录

c）内容页面1　　d）内容页面2

图 2-2　清晰明了的 PPT 效果页面（续）

该演示文稿的首页，采用了深蓝作为基调，配合白色 PPT 标题，使整个画面显得庄严。其他子页面采用了深蓝色为主色调，整体风格统一。

2.1.2　收集演示文稿的素材和内容

在确定了演示文稿的主题与配色方案之后，接下来就需要为演示文稿进行素材收集和内容编辑，其中，收集演示文稿的素材和内容，主要与演示文稿的主题、性质以及为其设定的幻灯片内容有关。通常，一个完整的演示文稿需要准备文字、图片、音频及视频等素材。

1. 幻灯片内容的文本素材

文本素材的充分准备是为了方便在幻灯片制作过程中文字的输入。

如果是书稿文档，制作幻灯片时，用户必须将文档内容一个一个地输入，这将影响到幻灯片制作的速度和文本内容的准确性。如果使用电子文档，用户只需将文档中的内容复制并粘贴到幻灯片中即可，从而节省了大量的时间和精力。

2. 制作幻灯片的图片素材

图片是幻灯片中重要的组成元素之一，也是幻灯片内容的一个表达方式。幻灯片中的文字和图像是相辅相成、互相补充的。例如，在图 2-3 的幻灯片中，可以看到文字内容只有在图像的衬托下，才能显示出幻灯片的丰富性和活泼性。

a）　　　　　　　　　　　　b）

图 2-3　显示幻灯片中的图片素材

a）幻灯片图片素材1　b）幻灯片图片素材2

如果幻灯片中只有文本内容而没有图像作为修饰，那么幻灯片将显得枯燥、死板，缺少吸引力，因此，制作幻灯片需要大量且适当的图像素材。

3. 音频和视频素材

在幻灯片中添加声音、影片等多媒体文件，可以制作出声色俱佳的幻灯片，使幻灯片获得更好的演示效果。

例如，在图2-4的幻灯片中，图2-4a所示插入了音频片头音乐，烘托了整个PPT的氛围，图2-4b所示通过视频详细向浏览者演示了金华佛手的嫁接视频。

a)   b)

图2-4　显示幻灯片中的音频、视频素材

a）音频的使用页面　b）视频的使用页面

2.1.3　策划幻灯片的布局方式

幻灯片的布局方式决定了整个幻灯片的排列与内容，一般情况下演示文稿的制作可以分为封面设计和内容版式的安排两个阶段，其具体显示方式如图2-5所示。

1. 封面设计

通常情况下，演示文稿都使用"标题幻灯片"版式作为第1张幻灯片。演示文稿的封面可以分为如下4个层面。

图2-5　PPT的封面布局方式

➢ 单位名称：幻灯片左上角的单位名称表明来源，是哪个单位或者某次活动的演示。

➢ 标题和副标题文本：分别在标题占位符和副标题占位符中输入文字来说明演示文稿

的主题和目的。标题和一些主题性的文字应该置于视觉的醒目位置。

➤ 背景图片：背景图片作为衬托，避免了版面的单调，使幻灯片具有层次感。

➤ 作者姓名：表明了什么人在进行汇报演示。

2. 内容版式的安排

作为一个整体，内容幻灯片的版面设计必须和封面的设计效果有所呼应。在幻灯片中巧妙地安排各个对象的位置，能够使演示文稿更好地达到吸引观众注意力的目的。

通常幻灯片分为标题和内容两部分。其中，标题部分主要表明本页 PPT 的主题，起到导航与提示的作用；内容部分表达了具体的信息。本页中主要采用图文混排的方式展示了信息，如图 2-6 所示。

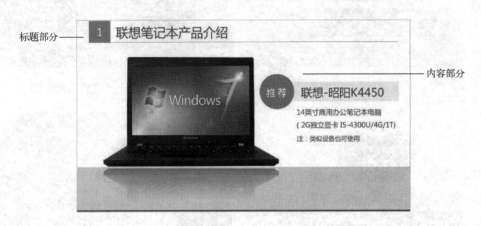

图 2-6　PPT 的内容版式

提示： *一般情况下，在演示文稿中，幻灯片背景的选择可以根据用户讲解的内容，或者是幻灯片的主题和风格来确定。*

2.1.4　色彩分析

色彩选用是展现幻灯片风格的重要手段之一。要学习色彩的选用，首先要了解黑、白、灰以及色彩的应用。

1. 色彩的鲜明性

制作幻灯片时，其色彩要鲜艳，才更容易引人注目。例如，在图 2-7 的幻灯片中，背景色土黄色与前景色深蓝色的强烈对比，使得表达的内容更加富有层次感，背景的衬托下更加引人注目。

2. 色彩的独特性

要有与众不同的色彩，使得观众对该幻灯片的印象更加深刻。例如，在图 2-8 的幻灯片中，采用了一张由上下两端向中间深褐色渐变过渡，配合书法作品作为背景，展示了整体的魅力所在，符合了幻灯片的"书法赏析"主题。

3. 色彩的合适性

色彩的合适性是指色彩和幻灯片所表达的内容气氛相适合。例如，在图 2-9 的幻灯片中，用粉色体现情人节的浪漫与温馨。

4. 色彩的联想性

不同的色彩会产生不同的联想，蓝色想到天空，黑色想到黑夜，红色想到喜庆等，因此，选择色彩要和幻灯片的内涵相关联。例如，在图 2-10 的幻灯片中，其蓝色与背景黑色芯片的搭配就会使浏览者想到科技。

图 2-7　显示色彩的鲜明性

图 2-8　显示色彩的独特性

图 2-9　显示色彩的合适性

图 2-10　显示色彩的联想性

2.2　PPT 的布局结构

幻灯片中主要包含文字、图片或形状等元素，其中，各种元素的布局也是非常重要的。只有合理地进行幻灯片布局，才能制作出完美的演示文稿。

在制作演示文稿的过程中，首先，要求幻灯片的页面结构布局简洁明了、重点突出、条理分明；其次，要考虑页面结构的均衡、美观，要能够给人以美的感受。通过 PowerPoint 中不同版式的应用可以设计出各种不同的幻灯片布局方式。

2.2.1　上下布局结构

该布局方式是一种简单的幻灯片布局形式。这种布局方式比较适合内容少、结构简单的幻灯片。图 2-11 所示的幻灯片中就采用了这种布局结构。

对于上下布局结构的幻灯片，通常是将幻灯片分为标题内容和正文信息内容两部分。从整体形式上，这种布局方式层次结构分明，制作相对比较简单。

a)   b)

图 2-11　上下布局结构

a）文字在上图片在下布局　b）图片在上文字在下布局

2.2.2　左右布局结构

左右布局结构的幻灯片与上下结构的幻灯片基本相同，只是在结构上稍显不同。但是从幻灯片视觉上看，左右布局结构比上下结构更加有个性，也更加能够突出幻灯片的设计风格。

图 2-12 所示的幻灯片中，应用了"两栏内容"版式，即采用了左右结构的布局方式。用户可以将标题置于幻灯片的上方，并将内容信息以两栏的形式置于幻灯片中。

a)   b)

图 2-12　左右布局结构

a）图片在左文字在右布局　b）文字在左图片在右布局

2.2.3　竖排布局结构

以竖排方式显示文本的布局结构，打破了以往幻灯片文本横向显示的常规，使制作出的幻灯片更加新颖、别具一格。

如果用户需要制作仅文本内容竖排显示的幻灯片，可以应用"标题和竖排文字"版式。例如，在图 2-13 的幻灯片中，就采用了这种布局方式。这种布局结构可使文本内容纵向显示，而标题文字依然保持横向显示。

另外，如果希望标题和文本内容均纵向显示，可以应用"垂直排列标题与文本"版式，如在图 2-14 的幻灯片中，采用这种布局方式，即可在右边标题占位符中输入标题文字，在左边文本占位符中输入文本内容。

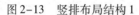

图 2-13　竖排布局结构 1　　　　　　　　　　　　图 2-14　竖排布局结构 2

2.3　PPT 的形式美

自然界中各种事物的形态特征被人的感观所感知,使人产生美感,并引起人们的想象和一定的情感活动时,就成了人的审美对象,称为美的形式。

形式美是许多美的形式的概括反映,是各种美的形式的一种规律及共同特征。例如,比例、均衡、对称及富有变化等。

在幻灯片的设计过程中,需要用户去研究、掌握并主动地、有意识地运用这些规律,通过和幻灯片设计的具体问题相结合,才能创造出完美的幻灯片。

2.3.1　统一与变化

用户在设计幻灯片版面时应处理好统一与变化的比重关系。统一是主导,而变化是从属;统一强化了版面的整体感,多样变化突破了版面的单调、死板,但是,过分地追求变化,则可能使版面杂乱无章,失去整体感。

1. 统一

统一之美是指版面构成中某种视觉元素占绝对优势的比重,如在线条方面,或以直线为主,或以曲线为主;在编排文字上,或以单栏为主,或以多栏为主;在版面色彩上,或以冷色调为主调,或以暖色调为主调;在情调方面,或以幽雅为主,或以强悍为主;在疏密方面,或以繁密为主,或以疏朗为主,图 2-15 所示目录页面整体统一。

2. 变化

多样变化之美,是指版面构成中某种视觉元素占较小比重的一种形态,多样变化可使版面生动活泼,丰富而有层次感,图 2-16 所示过渡页面由于变化产生了对比。

图 2-15　幻灯片的统一效果　　　　　　　　　　图 2-16　目录内容的变化

2.3.2 对称与平衡

由于对称与平衡能够符合用户朴素、古典的审美规范，使观看者的心理得到慰藉，感到舒适与安全，所以，对称与均衡可以被看作一切美学原理的基础。

1. 对称

对称是指图形和形态能够被点、线或平分区分为相等的部分。平面构成中的对称图形是等形等量的配置关系，最容易得到统一。

图 2-17a 所示的 PPT，即属于对称结构。另外，像四合院、故宫、凯旋门等建筑，也属于对称之作。对称的图形能够给人以庄重、可靠、稳定的感觉。图 2-17b 所示的幻灯片也充分展示了对称的原理。这样的幻灯片，给人以庄严、稳重、典雅的感觉。

图 2-17 对称的应用
a）封面中对称的使用　b）内容页对称的应用

2. 平衡

平衡是指组成整体的两个部分，运用大小、色彩、形体以及位置等差别来形成视觉上的均等。

与对称相比，平衡的图像在视觉上显得更加灵活，使整体达到动中有静、单一与丰富并存的效果。例如，传统的阴阳太极图，即构成了不对称中的平衡，如图 2-18a 所示。例如，在图 2-18b 所示的幻灯片中，其合理的布局使页面达到了平衡，其形式上自然合理，满足了人们视觉上整体的平衡感，使幻灯片更加生动、灵活。

图 2-18 平衡的应用
a）太极图　b）平衡的应用

2.3.3 对比与调和

对比和调和是在要素之间强调异性和共性，以达到变化和统一的形式法则。当两者的共性在量的关系中达到相等或基本相等时，形成调和关系，而当量的差别较大，甚至很大时，形成对比关系。

1. 对比

对比又称对照，能够把反差很大的两个视觉要素成功地配列在一起，虽然使人有鲜明强烈的感触，但仍具有统一感。它能使主题更加鲜明，视觉效果更加活跃。

对比关系主要是通过视觉形象色调的明暗、冷暖，色彩的饱和与不饱和，色相的迥异，形状的大小、粗细、长短、曲直、高矮、凹凸、宽窄、厚薄，方向的垂直、水平、倾斜，数量的多少，排列的疏密，位置的上下、左右、高低、远近，形态的虚实、黑白、轻重、动静、隐现、软硬、干湿等多方面的对立因素来达到的。

图2-19a所示的幻灯片中，圆形的人物图案形成了大小上的对比，不同大小的圆圈在颜色与大小上也构成了对比，图2-19b所示目标的设定在高低通过颜色与立方体的厚薄形成了对比。

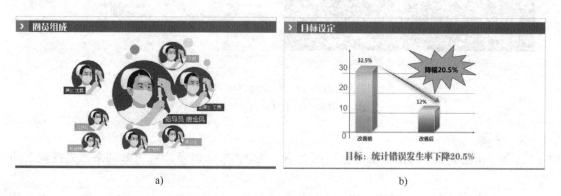

a) b)

图2-19 对比的应用

a）圆圈的大小与颜色的对比 b）立方体的颜色与高低构成了对比

对比体现了哲学上矛盾统一的世界观。对比法则广泛应用在现代设计中，具有很大的实用效果。

2. 调和

调和是取得统一的手段，通过强调共性，加强同质要素间的联系，使对象获得和谐统一的艺术效果。

如图2-20a所示，前景彩色的汽车图像，通过背景浅灰色实现了整体的调和，形成了整体上的统一，起到了和谐的艺术效果。

对比色可以突出重点，产生强烈的视觉效果。在设计幻灯片时，应使用一种主色调，对比色作为点缀，从而起到画龙点睛的作用。通过合理使用对比色能够使幻灯片效果更具特色。

如图2-20b所示，采用了蓝色与背景的浅灰色对比搭配方案，使其页面效果对比更加强烈。

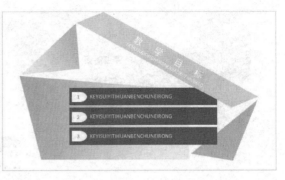

a)   b)

图 2-20　调和的应用

a）封面的色彩调和　b）目录页色彩的调和

2.3.4　节奏与韵律

在构成中，节奏与韵律为同一形象在一定格律中重复出现产生的运动感。节奏必须具有规律重复、连续，节奏容易单调，经过有律动的变化就产生韵律。

1. 节奏

节奏是一种条理性、重复性、连续性的律动形式，反映条理美、秩序美，如图 2-21a 所示。图 2-21b 为借用这一节奏制作的 PPT 页面。

a)   b)

图 2-21　图像的节奏

a）图像的节奏　b）目录页中节奏的应用

2. 韵律

以节奏为前提，有规律地重复，有组织地变化，倾注情调与节奏之中，使节奏强弱起伏、悠扬、缓急，即形成了韵律。

例如，图 2-22 所示的目录页面，线条与色块构成了一定的韵律。

2.3.5　视觉重心

画面的中心点，就是视觉的重心点。画面图像轮廓的变化，图形的聚散，色彩或者明暗的分布都可对视觉重心产生影响。

图 2-22　图像的韵律

a）目录页中韵律的应用 1　b）目录页中韵律的应用 2

例如，图 2-23 所示的中心位置就是人的视觉重心。在平面构图中，任何形体的重心位置都和视觉的安定有密切的关系。人的视觉安定与造型的形式美的关系比较复杂。人的视线接触画面，视线常常迅速由左上角到左下角，再通过中心部分至右上角到右下角，然后回到画面最吸引视线的中心视圈停留下来。

另外，在 PPT 设计的过程中，画面轮廓的变化、图形的聚散、色彩或明暗的分布等因素都有可能对视觉重心产生影响。例如，如图 2-24 中，其视觉重心是右侧的图像，而不是幻灯片的中心位置。人的视线应首先被图像吸引，然后再移至左方的文字上。

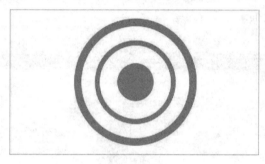

图 2-23　视觉重心

图 2-24　PPT 中应用视觉重心

2.4　PPT 的色彩搭配

2.4.1　色彩的基本理论

1. 色彩概述

（1）RGB 颜色

PPT 的颜色主要由红（Red）、绿（Green）、蓝（Blue）3 种基本颜色组成，其他的颜色是由这 3 种颜色调和而成的。

（2）颜色的三要素

色相：即颜色的相貌称谓，如红色、橙色、黄色、绿色等。

纯度：也称为饱和度或彩度，是指颜色的鲜艳程度，即颜色的色素含量。如果纯度高，则色彩艳丽，否则颜色淡灰。正红色、正黄色、正蓝色等都是纯度极高的颜色，而灰色则是纯度最低的颜色。

明度：也称为亮度，是指颜色的明暗程度，是各色相中白色的含量。白色是明度最高的色调，白色的明度为100%，黑色的明度为0%。

2. 色彩的含义

色彩在人们的生活中都是有丰富的感情和含义的。例如，红色让人联想到玫瑰、喜庆、兴奋等，不同的颜色含义也各不相同。颜色的含义如表2-1所示。

表2-1 颜色的含义一览表

颜色	含义	具体表现	抽象表现
红色	一种对视觉器官产生强烈刺激的颜色，在视觉上容易引起注意，在心理上容易引起情绪高昂，能使人产生冲动、愤怒、热情、活力的感觉	火、血、心、苹果、夕阳、婚礼、春节等	热烈、喜庆、危险等
橙色	一种对视觉器官产生强烈刺激的颜色，由红色和黄色组成，比红色多些明亮的感觉，容易引起注意	橙子、柿子、桔子、橘子、秋叶、砖头、面包等	快乐、温情、积极、活力、欢欣、热烈、温馨、时尚等
黄色	一种对视觉产生明显刺激的颜色，容易引起注意	香蕉、柠檬、黄金、蛋黄、帝王等	光明、快乐、豪华、注意、活力、希望、智慧等
绿色	对视觉器官的刺激较弱，介于冷暖两种色彩的中间，显示出和睦、宁静、健康、安全的感觉	草、植物、竹子、森林、公园、地球、安全信号	新鲜、春天、有生命力、和平、安全、年轻、清爽、环保等
蓝色	对视觉器官的刺激较弱，在光线不足的情况下不易辨认，具有缓和情绪的作用	水、海洋、天空、游泳池	稳重、理智、高科技、清爽、凉快、自由等
紫色	由蓝色和红色组成，对视觉器官的刺激正好综合强弱，形成中性色彩	葡萄、茄子、紫菜、紫罗兰、紫丁香等	神秘、优雅、女性化、浪漫、忧郁等
褐色	在橙色中加入了一定比例的蓝色或黑色所形成的暗色，对视觉器官刺激较弱	麻布、树干、木材、皮革、咖啡、茶叶等	原始、古老、古典、稳重、男性化等
白色	自然日光是由多种有色光组成的，白色是光明的颜色	光、白云、雪、兔子、棉花、护士、新娘等	纯洁、干净、善良、空白、光明、寒冷等
黑色	为无色相、无纯度之色，对视觉器官的刺激最弱	夜晚、头发、木炭、墨、煤等	罪恶、污点、黑暗、恐怖、神秘、稳重、科技、高贵、不安全、深沉、悲哀等
灰色	由白色与黑色组成，对视觉器官刺激微弱	金属、水泥、砂石、阴天、乌云、老鼠等	柔和、科技、年老、沉闷、暗淡、空虚、中性和高雅等

2.4.2 确定PPT色彩的基本方法

1. 选取PPT主色和PPT辅助色

PPT设计中都存在主色和辅助色之分。

PPT主色：视觉的冲击中心点，整个画面的重心点，它的明度、大小、饱和度都直接影响到辅助色的存在形式以及整体的视觉效果。

PPT辅助色：在整体的画面中则应该起到平衡主色的冲击效果和减轻其对观看者产生的视觉疲劳度，起到一定量的视觉分散的效果。

图2-25所示的幻灯片中蓝色为主色，黄色是整个PPT辅助色。

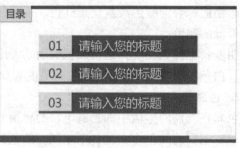

a) b)

图 2-25　PPT 主色与辅色演示

a）封面页中主辅色　b）目录页中主辅色

值得强调的是：在 PPT 制作时两种或多种对比强烈的色彩为主色的同时，必须找到平衡它们之间关系的一种色彩，比如黑色、灰色、白色等，但需要注意它们之间的亮度、对比度和具体占据的空间比例的大小，在此基础上再选择 PPT 的辅助色。

2. 确定 PPT 页面的颜色基调

相同色相的颜色在变淡、变深、变灰时的面貌可能是你所想不到的。但总体有一种色调，是偏蓝或偏红，是偏暖或偏冷等。如果 PPT 设计过程没有一个统一的色调，就会显得杂乱无章。以色调为基础的搭配可以简单分为：同一色调搭配，类似色调搭配，对比色调搭配。

（1）同一色调的 PPT 搭配

同一色调的 PPT 搭配，即将相同的色调搭配在一起，形成统一的色调群。

如图 2-26 所示，左侧色环中的两种不同颜色为同一色调。

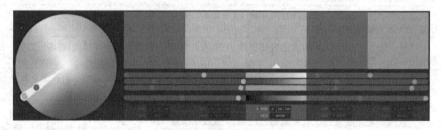

图 2-26　同一色调的配色

（2）类似色调 PPT 搭配

类似色调 PPT 搭配，即以色调配置中相邻或相近的两个或两个以上的色调搭配在一起的配色，类似色调的特征在于色调与色调之间微小的差异，较同一色调有变化，不易产生呆滞感。

如图 2-27 所示，左侧色环中的 5 种不同颜色为类似色调（45°邻近色关系）。

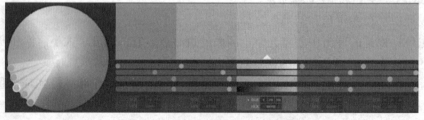

图 2-27　类似色调 45°邻近色关系

如图 2-28 所示，左侧色环中的 5 种不同颜色为类似色调（90°邻近色关系）。

图 2-28　类似色调 90°邻近色关系

（3）对比色调 PPT 搭配

对比色调 PPT 搭配，即相隔较远的两个或两个以上的色调搭配在一起的 PPT 配色，对比色调因色彩的特性差异，造成鲜明的视觉对比，有一种相映或相拒的力量使之平衡，因而产生对比调和感。

如图 2-29 所示，左侧色环中的两种不同颜色为对比色调。

图 2-29　对比色调

3. 添加辅助色黑、白、灰

在 PPT 配色中，无论什么色彩间的过渡，黑、灰、白都能起到很好的过渡作用。但黑、白起到的大都是间断式过渡，灰度则是比较平稳的过渡，但它们往往并不是最好的过渡色。在利用它们作为 PPT 辅助色的同时，不要忽略了它们的过于稳定性对整个画面所造成的影响。在运用黑、白的同时，由于它们的特性使它们在视觉的辨别中比其他色彩更容易成为视觉的中心。

其实简单来说，PPT 配色不外乎色彩的对比、色彩的辅助、色彩的平衡以及色彩的混合，但道理往往是很简单的，做起来就不是那么容易了，所以要多浏览、多实践、多交流，充分提高自己的综合能力。

2.5　PPT 的平面构成

在制作幻灯片的过程中，经常要利用点、线、面、体这几个要素的视觉特性和构成方法来完成幻灯片的设计。

2.5.1　PPT 中的点

点的形状可以随心所欲，一个标记点在几何学中是不具有大小只具有位置的，但在构成中是有大小、形状、位置和面积的。一个物体在它周围不同的环境条件下会产生不同的感觉。

1. 点与位置

在一个正方形的平面上，一个黑色圆点放在平面正中，点给人的感觉是稳定和平静；如果这个圆点向上移动，就可以产生力学下落的感觉；如果将多个大小相同的点近距离地设置，会有线的感觉；如果将多个点放在不同的位置，则会使人产生三角形、四边形或者五边形的感觉，如图2-30所示。

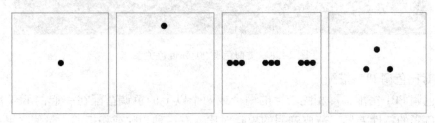

图 2-30　点与位置

2. 点与周围环境

点会由周围环境的变化而产生不同的感觉。如果周围的点小，中间点就会显得很大；如果周围的点大，则中间的点就会显得很小；上下两个同样大的点，上方的点显得大于下方的点，如图2-31所示的幻灯片。图2-32所示PPT的3个泪滴形状可以看作是3个点。当上下分布大小相同的形状时，可以看到，上方的形状显得大于下方的形状。

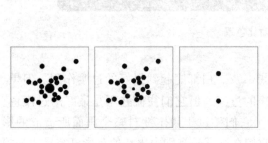

图 2-31　点与周围环境

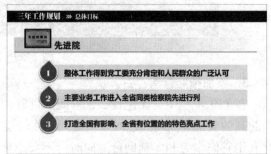

图 2-32　点与周围环境的效果图

2.5.2　PPT 中的线

线是具有位置、方向与和长度的一种几何体，可以把它理解为点运动后形成的。与点强调位置与聚集不同，线更强调方向与外形。

线大体上可以分为直线（如平行线、折线、交叉线、发射线、斜线），曲线（如弧线、抛物线、旋涡线、波浪线、自由曲线），虚线以及锯齿线4种，如图2-33所示。

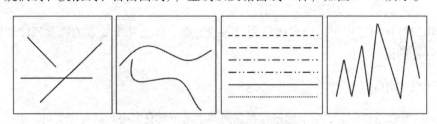

图 2-33　线的类型

由于各种线的形态不同，因此也就具有各自不同的特性。

直线：明快、简洁、力量、通畅、有速度感和紧张感。

曲线：丰满、感性、轻快、优雅、流动、柔和、跳跃、节奏感强。

细线：纤细、锐利、微弱、有直线的紧张感。

粗线：厚重、锐利、粗犷、严密中有强烈的紧张感。

长线：具有持续的连续性、速度性的运动感。

短线：具有停顿性、刺激性、较迟缓的运动感。

绘图直线：干净、单纯、明快、整齐。

铅笔线和毛笔线：自如、随意、舒展。

水平线：安定、左右延续、平静、稳重、广阔、无限。

垂直线：下落、上升的强烈运动力，明确、直接、紧张、干脆。

斜线：倾斜、不安定、动势、上升下降有运动感，有朝气。

斜线与水平线、垂直线相比，在不安定感中表现出生动的视觉效果。

图2-34所示的幻灯片中，绘制了一条"曲线"形状。与背景色相近的线条颜色，搭配在幻灯片中，使幻灯片更具层次感和秩序感。直线与细线的混合使用如图2-35所示。

图2-34　不同粗细线的应用

图2-35　直线与细线的混合使用

2.5.3 PPT中的面

点的密集或者扩大，线的聚集或者闭合都会生出面。面是构成各种可视形态的最基本的形。在平面构成中，面是具有长度、宽度和形状的实体。它在轮廓线的闭合内，给人以明确、突出的感觉。

面体现了充实、厚重、整体、稳定的视觉效果。面的构成形式可以分为以下几种。

1. 几何图形

几何图形的面表现规则、平稳、较为理想的视觉效果。它又可分为直线形（如矩形、三角形和梯形）和曲线形（如椭圆和圆形）两种。

在幻灯片中绘制除线条以外的任意一个形状，都可以被看作一个面的形成。例如，在图2-36的幻灯片中，其中的"矩形"形状即可看作一个几何形的面。

2. 自然图形

不同外形的物体以面的形式出现后，给人以更为生动、厚实的感觉。自然图形是具体

a)   b)

图 2-36　PPT 几何图形的应用

a）矩形、圆角矩形等几何形状的应用　b）梯形、正方形、平行四边形的应用

的、客观的视觉形象，如人、鸟、花草、山水等，图 2-37 所示人的外形可被看作自然形的面。

3. 人造图形

人造图形的面具有较为理性的人文特点，它是设计师有意识地创造出来的效果，图 2-38 所示背景中的绿色形状则构成曲线柔和，形态自然的有机图形。

图 2-37　自然图形的效果   图 2-38　人造图形的效果

4. 偶然图形

偶然图形是意识不到的偶然形成的形状，如摔碎墨瓶的喷溅，油漆流淌的痕迹等，如图 2-39 所示。偶然形成的面，自由、活泼而富有弹性，图 2-40 所示背景墨迹衬托的荷花更有意境。

图 2-39　油漆流淌   图 2-40　偶然图形的应用

2.5.4 PPT 中的体

完全依赖点、线、面所表达出的形象，就构成了体。体的情感特征来自于点、线、面情感的综合性，因为出现在平面上的体本身是一个幻象，而不是一个真实的存在。

例如，图 2-41 的立方体即是一个由多个不同面构成的体，其构成面具有一定的大小、形状和体积，将所有构成面组合在一起，就形成了一个更具厚度的面，即为体。

整个立体构成的过程是一个分割到组合或组合到分割的过程。任何形态可以还原到点、线、面，而点、线、面又可以组合成任何形态。

不同的体给人以不同的感受。例如，一个完整的体给人以完整、圆满的感受，残缺的体给人以遗憾、叹息的情感；实体给人以真实、可信的存在感，虚体给人以空幻、缥缈的虚无感；大的体给人以量的压抑，小的体给人以紧密的收缩；几何体给人以严谨感，自由体给人以轻松感，抽象体给人以科幻的超越感、迷幻的神秘感和奇异感。

图 2-42 所示的幻灯片中，通过图形绘制与颜色调整，形成多个实体的组合，给人以真实、严谨的感受。

图 2-41　幻灯片中的体

图 2-42　幻灯片中的体的应用

2.6　PPT 制作中的图像处理技巧

2.6.1　认识 Photoshop CC 的界面

Photoshop 是一个功能强大的图形图像处理软件。Photoshop 的工作界面主要由菜单栏、工具属性栏、工具箱、面板栏、文档窗口和状态栏等组成，如图 2-43 所示。下面介绍这些功能项的含义。

菜单栏：菜单栏是软件各种应用命令的集合处，从左至右依次为文件、编辑、图像、图层、类型、选择、滤镜、分析、视图、窗口及帮助等菜单命令，这些菜单集合了 Photoshop 的上百个命令。

工具箱：工具箱中集合了图像处理过程中使用最为频繁的工具，使用它们可以绘制图像、修饰图像、创建选区以及调整图像显示比例等活动。它的默认位置在工作界面左侧，拖动其顶部可以将它拖放到工作界面的任意位置。工具箱顶部有个折叠按钮▶▶，单击该按钮可以将工具箱中的工具排列紧凑。

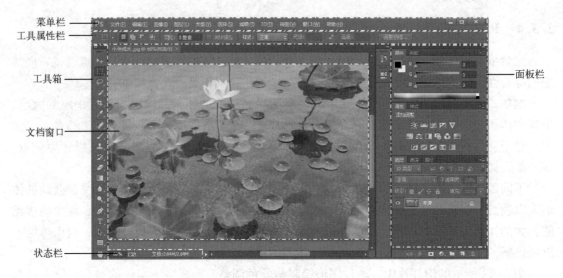

图 2-43　Photoshop 软件界面

　　工具属性栏：在工具箱中选择某个工具后，菜单栏下方的属性栏就会显示当前工具对应的属性和参数，用户可以通过这些设置参数来调整工具的属性。

　　面板栏：面板栏是 Photoshop CC 中进行颜色选择、图层编辑、路径编辑等的主要功能面板，单击控制面板区域左上角的扩展按钮 ，可打开隐藏的控制面板组。如果想尽可能显示工具区，单击控制面板区右上角的折叠按钮 ，可以最简洁的方式显示控制面板。

　　文档窗口：文档窗口是对图像进行浏览和编辑的主要场所，图像窗口标题栏主要显示当前图像文件的文件名及文件格式、显示比例及图像色彩模式等信息。

　　状态栏：状态栏位于窗口的底部，最左端显示当前图像窗口的显示比例，在其中输入数值后按〈Enter〉键可以改变图像的显示比例；中间显示当前图像文件的大小；右端显示当前所选工具及正在进行操作的功能与作用。

2.6.2　案例1：Photoshop 抠图获取 PNG 图像

　　PNG 是目前非常流行的图像文件存储格式，具有 GIF 和 TIFF 文件格式的优点。

　　用户会经常看到 PPT 中有漂亮清晰的图片，然而在前期拍摄的图片中，通常会存在一些不足，这就需要通过 Photoshop 进行后期的处理。本案例通过对所拍摄笔记本图片进行调整、装饰，以实现较好的宣传效果，案例效果如图 2-44 所示。

图 2-44　幻灯片中的 PNG 图片效果

下面使用 Photoshop 软件来完成透明的 PNG 图片的抠取，操作步骤如下。

1）打开 Photoshop，执行"文件"→"打开"命令，在弹出的对话框中找到"笔记本 .jpg"并打开，如图 2-45 所示。

2）选择"魔棒工具" ![魔棒]，单击图片中的绿色区域，这时所有绿色区域将会被选中，如图 2-46 所示。

图 2-45　"笔记本 .jpg"素材图像

图 2-46　使用"魔棒工具"选择绿色背景

3）执行"选择"→"反选"命令（快捷键〈Ctrl + Shift + I〉），来选中笔记本电脑，如图 2-47 所示，然后执行"编辑"→"拷贝"命令（快捷键〈Ctrl + C〉），复制被选区选中的笔记本图片。

4）执行执行"文件"→"新建"命令（快捷键〈Ctrl + N〉），"颜色模式"选择"RGB 颜色"，"背景内容"选择"透明"，单击"确定"按钮，如图 2-48 所示。

图 2-47　执行"反选"命令

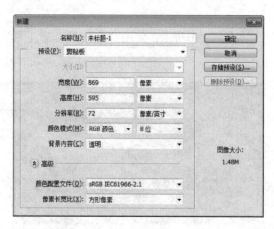

图 2-48　新建背景透明的图片

5）执行"编辑"→"粘贴"命令（快捷键〈Ctrl + V〉），在新建的文件中粘贴图片，执行"文件"→"保存"命令（快捷键〈Ctrl + S〉）保存图像文件，如图 2-49 所示，选择保存格式为"PNG 格式"，如图 2-50 所示。

6）打开 PowerPoint 2010 软件，插入刚刚保存的图片即可，如图 2-44 所示。

图 2-49 "粘贴"图片　　　　　　　　　　　　图 2-50 "保存"图片

2.6.3 案例2：使用 Photoshop 多边形套索工具获取 PNG 图像

"多边形套索工具" ✉可以制作折线轮廓的多边形选区，使用时，先将鼠标移到图像中单击以确定折线的起点，然后再陆续单击其他折点来确定每一条折线的位置。最终当折线回到起点时，光标会出现一个小圆圈，表示选择区域已经封闭，这时再单击鼠标即可完成操作。

如图 4-51 所示，使用"多边形套索工具"✉抠取图像后，插入 PPT 后的效果如图 2-52 所示。

图 2-51 "汽车.jpg"素材图片　　　　　　　　图 2-52 插入 PPT 后的 PNG 图片效果

在图 2-51 中，使用"多边形套索工具"将汽车抠取出来，如图 2-53 所示。

技巧：在图像抠取过程中，如果图像超出窗口，可以按住键盘上的空格键切换到"抓手工具"对图像进行移动，松开空格键后回至"多边形套索工具"继续操作。按〈Delete〉键，可以删除最近所画的所有的选区，直到剩下想要保留的部分，松开〈Delete〉键即可。

a)

b)

图2-53　使用"多边形套索工具"抠取图像

a) 使用"多边形套索工具"绘制选区　b) 抠取的图像效果

2.6.4　案例3：在PSD图中获取PNG图像

通常PSD格式的文件都有很多图层，如果想提取某一图层的图像，首先要下载PSD格式的图像，例如登录"网页设计师联盟—国内网页设计综合门户"的模板频道（http://sc.68design.net/mb）等，下载各类PSD格式的图像。

获取PSD中图像的方法如下：

1）打开下载的PSD文件，单击图层旁边的眼睛图标，如图2-54所示，仅显示要提取的图像所在的图层（如左侧的"阿克苏纸皮核桃500g"），并单击眼睛右侧的图层；按快捷键〈Ctrl+A〉全选图像，然后按快捷键〈Ctrl+C〉复制。

2）执行"文件"→"新建"命令（快捷键〈Ctrl+N〉），"颜色模式"选择"RGB颜色"，"背景内容"选择"透明"，单击"确定"按钮，如图2-55所示，执行"编辑"→"粘贴"命令（快捷键〈Ctrl+V〉），在新建的文件中粘贴图片，执行"文件"→"保存"命令（快捷键〈Ctrl+S〉）保存图像文件，选择保存格式为"PNG格式"。

图2-54　从PSD文件图像中提取图片

图2-55　提取的PNG核桃图片

3）用同样的方法提取大枣、葡萄干等，打开PowerPoint 2013软件，插入刚刚保存的图片就可以了，如图2-56所示。

图 2-56   插入 PPT 后的页面效果

2.6.5   案例 4：从矢量素材中导出 PNG 图像

对于网络上下载的一些矢量素材，提取出来并保存为 PNG 格式，同样可以用在 PPT 的制作过程中，具体方法如下。

1）安装 Adobe Illustrator 软件，下载 AI、EPS 等格式的矢量图形，使用 Adobe Illustrator 软件打开下载的矢量素材，选择需要导出的部分，如图 2-57 所示，按快捷键〈Ctrl + C〉复制。

2）按快捷键〈Ctrl + N〉新建一个文件，然后按快捷键〈Ctrl + V〉粘贴，如图 2-58 所示。

图 2-57   从 EPS 矢量文件图像中提取图片

图 2-58   提取的 PNG 图片

3）执行"文件"→"导出"命令，如图 2-59 所示，在弹出的"导出"对话框中，如图 2-60 所示，"保存类型"选择"PNG"类型，单击"保存"按钮，弹出"PNG 选项"对话框，单击"确定"按钮即可完成图片的提取，如图 2-61 所示。

图 2-59　选择"导出"命令　　　　　　　图 2-60　设置文件类型

4）打开 PowerPoint 2013 软件，插入刚刚保存的图片就可以了，如图 2-62 所示。

图 2-61　设置 PNG 选项　　　　　　　图 2-62　插入 PPT 后的演示效果

2.7　拓展训练

1）浅谈 PPT 的风格定位流程。

2）举例说明封面设计中的基本要素。

3）使用百度搜索，搜索 5 个上下布局结构的 PPT 模板。

4）登录演界网，搜索 5 个适合现代信息产业企业使用的左右布局结构 PPT 模板。

5）登录 68design 网站（http://www.68design.net），搜索 5 个 PSD 格式的图片并提取
PNG 图像。

第 3 章　PPT 策划

3.1　需求分析

所谓"需求分析"是指对要解决的问题进行详细的分析，弄清楚问题的要求，包括需要输入什么数据，要得到什么结果，最后应输出什么。可以说，在幻灯片设计过程中的"需求分析"就是确定要做什么类型的幻灯片，要达到什么样的效果。

3.1.1　定位分析

微软的 PowerPoint 是用来设计、制作信息展示领域的各种电子演示文稿，它使演示文稿的制作更加容易和直观，也是人们在日常生活、工作、学习中使用最多、最广泛的幻灯片演示软件。依据应用主体、内容、目的以及要求的不同，常用的 PowerPoint 演示文稿有以下几种类型。

1. 工作汇报类

工作与汇报类演示文稿主要用于工作进度介绍、年终总结、项目总结、活动总结、学习总结。有工作，就需要总结；有总结，自然需要汇报演示。随着教育信息化的推进，工作汇报类 PPT 应用越来越广泛、越来越频繁，图 3-1 所示为学校团委工作的年度工作汇报。

2. 企业宣传类

企业宣传类主要使用在企业形象展示与产品推介等场合，由于画册是平面的、静态的、缺乏时效性，难以营造整体氛围，视频宣传片成本高、缺乏互动。企业宣传 PPT 正好弥补了以上两种宣传方式的不足，图 3-2 所示为企业的宣传演示文稿。

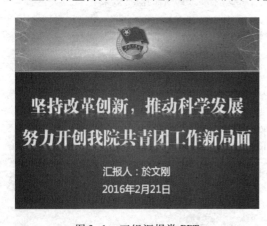

图 3-1　工组汇报类 PPT

图 3-2　企业宣传类 PPT

3. 教学课件类

教学课件类 PPT 可以帮助学生更好地融入课堂氛围，吸引学习者关注课堂教学知识，帮助增进学生对教学知识的理解，从而更好地实现教学的目的。图 3-3 所示为"圆弧的圆心都去哪了"教学课件。

4. 项目答辩类

项目答辩类 PPT 是政府机关、企事业单位、高等学校、科研院所进行项目答辩时的必备工具，可以向受众清晰地介绍项目背景、建设目标、建设内容、进度安排、经费预算等，项目答辩是用户最熟悉不过的事情，PPT 是项目答辩最理想的工具。图 3-4 所示为教学资源库项目申报的演示文稿。

图 3-3　教学课件类 PPT

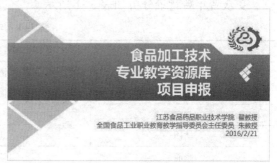

图 3-4　项目答辩类 PPT

3.1.2　受众分析

做一个优秀的 PPT 演示文稿，除了考虑项目的定位之外，还要考虑演示文稿的受众人群，常见的受众分析如下。

1. 受众的心理分析

许多 PPT 初学者很多时候容易满足于自己的一招一式，期待着受众也能给予同样的赞许。事实上，绝大多数时候汇报者却得不到受众的赞许，主要有以下三点原因。

（1）演示是一项枯燥的工作

做演示是一项工作，听演示同样辛苦。观众需要听那些专业的术语，需要分析那些复杂的数据，还要费尽心思对汇报者的演示进行点评，就像对待许多工作一样，很多人宁愿选择逃避。所以，观众总是找借口不到现场，找借口中途离开，找借口敷衍了事，或者在现场发呆、聊天、打瞌睡、玩手机等。

（2）对于演示大家并不陌生

PPT 演示闯入人们的生活已经十几年了，即使小学生也早已司空见惯了，很多受众听过各类汇报、看过各类演示、做过各类 PPT 文档。绝不能有靠简单和粗陋的 PPT 蒙混过关的心理，当大家完成了自己的 PPT 作品时，不要沾沾自喜，需要再修改、再完善，只有这样，汇报者才能真正得到受众的喝彩和赞许。

（3）控制好演示时间很关键

现代社会的工作节奏、生活节奏正逼着人们跑步前进。也许受众在听我们演示的同时，还在回味刚刚召开的会议，还在思考接下来进行的工作，还在琢磨周末的全家旅行，还在担心着本月的工作指标，还在心里抱怨着我们在浪费他们的宝贵时间……但他们还要静静地坐在那里倾听我们的演示。所以，即使大家的演示再精彩、内容再深刻、思路再清晰，也要尽量压缩演示时间。

因此，PPT 的设计在每个方面都要考虑到听众的感受。分析受众的心态与价值观，并针对听众的个性特点、心理特点，制作合理的 PPT。

2. 受众的个性分析

每一次演示的受众都会参差不齐。当大家无法满足所有受众的需求时，抓住决策者就是演示的关键。以下是 PPT 制作服务的经验与总结，仅仅是相对而言，可能有偏颇之处，仅供参考。

受众者年龄背景分析如表 3-1 所示。

表 3-1　年龄背景

	年　轻　人	年　长　者
色彩	清淡	浓重
质感	简洁	立体
文字	少	多
结构	跳跃	连贯
画面	活泼	严谨
风格	多变	统一
速度	快	慢

受众者职业背景分析如表 3-2 所示。

表 3-2　职业背景

	政府官员	国内老板	欧美老板	学校师生
色彩	浓重	浓重	清淡	浓重
质感	立体	立体	简洁	立体
文字	多	多	少	多
结构	连贯	连贯	连贯	跳跃
画面	严谨	严谨	活泼	活泼
风格	统一	统一	统一	多变
速度	慢	快	快	慢

受众者知识背景分析如表 3-3 所示。

表 3-3　知识背景

	学　历　一　般	学　历　较　高
色彩	浓重	清淡
质感	立体	简洁
文字	多	少
结构	跳跃	连贯
画面	活泼	严谨
风格	多变	统一
速度	慢	快

受众者文化背景分析如表3-4所示。

表 3-4　文化背景

	东　　方	西　　方
色彩	浓重	清淡
质感	立体	简洁
文字	多	少
结构	跳跃	连贯
画面	活泼	严谨
风格	多变	统一
速度	慢	快

3.1.3　环境分析

1. 计算机演示

计算机演示是指演示者通过计算机屏幕针对极少数受众的演示讲解。因为计算机屏幕一般较小，所以 PPT 背景不宜过分复杂，以简洁的浅色背景为宜，画面清爽、图表立体、重点凸出，文字不宜过大。

2. 会场演示

会场演示是指演示者通过投影、大型数字屏幕等大型显示设备以及传声器声音设备与多位受众之间的演示交流。因为投影幕自身不发光，而是依靠反光成像，所以，切忌使用纯色背景，否则，观众观看时间一长就容易产生疲劳感；在会议室环境里，室内光线较亮，所以不宜使用纯黑等深色背景，而且，内容与背景之间的对比度要尽可能增大，以凸出主题和内容；因为观众距离较远，画面清晰度有限，所以要尽可能减少文字、放大字号。

3.2　内容策划

通常用户拿到的文字材料都是长篇大论，如果把这些文字资料都通过 PPT 展现出来，那就会显得冗繁、逻辑混乱以及缺乏重点。所以用户有必要对文字材料及相关资料进行总结提炼，这实际上就是一个去粗取精、去伪存真、由表及里、由外及内的过程。

3.2.1　提炼核心观点

抓住了核心观点，也就抓住了文稿的本质。所以，演示文稿的内容提炼的第一步就是对资料的取舍，删除与 PPT 无关的内容。

推荐按照这样的顺序寻找文稿的核心观点，如图 3-5 所示。

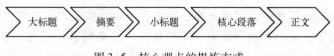

图 3-5　核心观点的提炼方式

下面，通过举例给用户演示几种提炼核心观点的具体方法。

1. 标题转换法

对于大部分的新闻、讲话、议论文来说，标题就是核心观点，有的是主标题，有的是副标准，有的是各个子标题归纳到一起，下面举例说明。

例：《上海 28 家三级医院对口帮扶云南 28 家贫困县县级医院》

中新网上海 5 月 20 日电，上海三级医院对口帮扶云南贫困县县级医院正式在云南昆明签约，上海 28 家三级医院与云南 28 家贫困县县级医院签订合作协议。28 支医疗队 5 月底将全部到位。

这意味着，新一轮为期 5 年的卫生对口合作交流工作正式启动，上海市 28 支医疗队 5 月底前将全部到达对口帮扶医院。上海市卫生计生委主任邬惊雷、云南省卫生计生委主任李玛琳出席签约仪式。

上海市卫生计生委 20 日表示，上海积极实施健康扶贫、精准扶贫工程，统筹申城优质资源，组织此间 28 家三级医院与云南省 28 家贫困县县级医院建立稳定持续的"组团式"对口帮扶机制，以助力保障农村贫困人口享有基本医疗卫生服务，努力防止因病返贫、因病致贫。

据悉，上海市卫生计生委积极打造援滇工作"精准版"，在覆盖面上更加注重广度：前两轮由上海 24 家医院对口支援，这次增加到 28 家三级医院，增添了部分专科医院参加；同时，上海在帮扶内涵上更加注重深度。据介绍，以前上海的帮扶主要是与云南省经济条件较好的县级医院和地市级医院结对，本次帮扶工作除了提高结对医院常见病、多发病、部分急危重症诊疗能力外，各医疗队还将向基层下沉，进一步做好建档立卡贫困户的医疗帮扶工作，在贫困人口流行病学调查、医疗卫生需求等方面开展摸底，采取巡回医疗、远程医疗等多种方式，有针对性地开展健康扶贫工作。

上海市 28 家三级医院已经主动与云南省的结对医院沟通，完成了调研报告、援建规划以及援助责任书等前期对接。

解析： 这是一篇普通的新闻稿，大标题就是核心观点。

2. 段落提炼法

工作汇报的核心观点一般在开篇；科学论文的核心观点一般在摘要里；演讲报告的核心观点一般在最后，演讲者一般会最后总结和陈述，下面举例说明。

例：《中央城镇化工作会议的六大任务》

第一，推进农业转移人口市民化。主要任务是解决已经转移到城镇就业的农业转移人口落户问题，努力提高农民工融入城镇的素质和能力。要发展各具特色的城市产业体系，强化城市间专业化分工协作，增强中小城市产业承接能力。全面放开建制镇和小城市落户限制，有序开放中等城市落户限制，合理确定大城市落户条件，严格控制特大城市人口规模。推进农业转移人口市民化要坚持自愿、分类、有序。

第二，提高城镇建设用地利用效率。要按照严守底线、调整结构、深化改革的思路，严控增量，盘活存量，优化结构，提升效率，切实提高城镇建设用地集约化程度。耕地红线一定要守住，红线包括数量，也包括质量。按照促进生产空间集约高效、生活空间宜居适度、生态空间山清水秀的总体要求，形成生产、生活、生态空间的合理结构。减少工业用地，适当增加生活用地特别是居住用地，切实保护耕地、园地、菜地等农业空间，划定生态红线。

按照守住底线、试点先行的原则稳步推进土地制度改革。

第三，建立多元可持续的资金保障机制。要完善地方税体系，逐步建立地方主体税种，建立财政转移支付同农业转移人口市民化挂钩机制；建立健全地方债券发行管理制度；推进政策性金融机构改革；鼓励社会资本参与城市公用设施投资运营。

第四，优化城镇化布局和形态。全国主体功能区规划对城镇化总体布局做了安排，提出了"两横三纵"的城市化战略格局，要一张蓝图干到底。要在中西部和东北有条件的地区，依靠市场力量和国家规划引导，逐步发展形成若干城市群，成为带动中西部和东北地区发展的重要增长极。科学设置开发强度，尽快把每个城市特别是特大城市开发边界划定，把城市放在大自然中，把绿水青山保留给城市居民。

第五，提高城镇建设水平。城市建设水平是城市生命力所在。城镇建设，要实事求是确定城市定位，科学规划和务实行动，避免走弯路；要依托现有山水脉络等独特风光，让城市融入大自然，让居民望得见山、看得见水、记得住乡愁；要融入现代元素，更要保护和弘扬传统优秀文化，延续城市历史文脉；要融入让群众生活更舒适的理念，体现在每一个细节中。要加强建筑质量管理制度建设。在促进城乡一体化发展中，要注意保留村庄原始风貌，慎砍树、不填湖、少拆房，尽可能在原有村庄形态上改善居民生活条件。

第六，加强对城镇化的管理。要制定实施好国家新型城镇化规划，加强重大政策统筹协调，各地区要研究提出符合实际的推进城镇化发展意见。培养一批专家型的城市管理干部，用科学态度、先进理念、专业知识建设和管理城市。建立空间规划体系，推进规划体制改革，加快规划立法工作。城市规划要由扩张性规划逐步转向限定城市边界，优化空间结构的规划。城市规划要保持连续性。

解析： 这是一篇新闻稿，每个段落阐述一个观点（任务），每段的开头第一句都是该段的中心句。在 PPT 演示中，只需将中心句表现出来即可。对于论述中心句的论据需要演讲者进行阐述，PPT 演示只是辅助演讲者的工具，并不是 Word 的另一种形式。

3. 关键字词提炼法

关键字词提炼相比段落提炼需要更精练的文字加以概括。提炼出的文字必须能够反映原段落或句子基本内容，原文的中心思想不能变，下面举例说明。

例：某购物网站用户购买商品步骤

1. 登录网站
2. 选择所在地
3. 点击所需购买物品
4. 拖拽物品到理想的位置
5. 选择合适的物品尺寸
6. 通过支付平台或者网银付款
7. 确认收到物品，进行评价

解析： 这是某电子商务公司对外宣传演示文稿，通过剖析句子可以得出关键字词：登、选、点、拖、择、买、评，并用在 PPT 演示中，随后加以解释，以便听众抓住要点，有初步感受后再加以阐述。

例：《微课教学设计的 16 条建议》

1. 时刻谨记你的教学对象是谁。

2. 一个微课程只说一个知识点。

3. 课程尽量控制在 10 分钟之内。

4. 不要轻易跳过教学步骤，即使很简单、很容易的内容。

5. 要给学习者提示性信息。

6. 问题的设计：基本问题、单元问题、核心问题。

7. 对重要的基本概念，要说清楚是什么，还要说清楚不是什么。

8. 用文字补充微课程不容易说清楚的地方。

9. 在学习导航指导下看视频。

10. 把微课程与相关资源和活动超链接起来。

11. 明确评价方法和考试方式。

12. 要介绍主讲老师本人的情况，让学生了解老师。

13. 要与其他教学活动相配合：在微课程中适当位置设置暂停，或者在后续中提示，便于学生浏览。

14. 要有一个简短的总结：概括要点帮助学习者梳理思路，强调重点和难点。

15. 留心学习其他领域的设计经验，注意借鉴、模仿与创造。

16. 在细节方面注意：颜色搭配、速度、画面简洁、录制环境安静。

解析： 这是本项目中的一项内容，通过对句子的剖析，用户可以归纳句子为四个字的词语：谨记对象，一个知识，控制时间，勿略步骤，提示信息，设计问题，说清概念，文字补充，受教观片，相互链接，明确方式，自我介绍，暂停提示，简短总结，借鉴模仿，注意细节。这些词语在 PPT 中显示，不仅高度凝练，让听众快速抓住重点。而且排列工整对仗，简洁美观。之后，演讲者再对词语加以解释，能让听众有更深刻的认识。

3.2.2　寻找思维线索

寻找思维线索在于对整个文字材料各个部分有一个系统的把握，突出重点。

1）工作汇报的一般思路，如图 3-6 所示。

图 3-6　工作汇报的思路

2）企业宣传的一般思路，如图 3-7 所示。

图 3-7　企业宣传的思路

3）教学课件的一般思路，如图 3-8 所示。

图 3-8　教学课件的思路

4）项目答辩的一般思路，如图 3-9 所示。

图 3-9　项目答辩的思路

3.2.3　分析逻辑关系

分析逻辑关系在于对各重点内容进行深入解析，确定 PPT 细节方面的取舍。主要任务是分析各细节内容的真实性、重要性以及和主要线索之间的逻辑合理性。

例：某项目立项申请节选

研究的背景及意义

随着院校的扩招，学校的学生数量急剧增多，办学的规模也不断扩大，尤其是学分制的逐步推行，学籍异动情况逐渐频繁，这就使得各类院校的学籍管理工作变得异常复杂。另外，学籍管理系统是学校管理的一个重要组成部分，是一项时间性强、工作量大、信息复杂、质量要求高且影响全局的工作。因此，设计并实现一个学籍管理系统具有较大的现实意义和使用价值。

一直以来部分院校的教务人员使用传统人工管理方式进行学籍档案管理，这已经不能满足当下学校对学籍信息管理要求。传统的人工管理方式存在着工作量大、效率低、保密性差，容易将产生的大量文件丢失或弄混的，给数据的查找、更新和维护都带来了不少困难。另外，在学籍管理中，需要从大量的日常教学活动中提取相关信息，反映教学情况，目前的手工操作方式存在易发生数据丢失、统计错误、劳动强度高、速度慢等诸多问题。使用计算机可以高速、快捷地完成以上工作。在计算机联网后，数据在网上传递，可以实现数据共享，避免重复劳动，规范教学管理行为，从而提高了管理效率和水平。

针对以上情况，这就迫切需要有一套全新而且高效的信息管理系统，由计算机来代替手工完成学生信息资料的管理。随着学校管理制度改革的进一步深化，学籍管理工作已经逐步由人力手工业务操作管理模式向计算机软件管理操作模式转变。因此，为确保学籍信息的可靠性和参阅者的方便，设计和实现一个科学有效的计算机软件管理系统是学校管理系统改革发展的必然趋势。

另外学籍管理系统能致力于给学籍管理员提供一个简单的操作管理界面，帮助学籍管理人员从传统繁重的人力手工业务操作管理模式中解脱出来，极大地提高工作效率和管理效率，降低管理成本，增强学校的综合竞争力和可持续发展活力，为学校的健康发展提供强有力的服务和支持。

解析： 此部分内容可以分解为三个层次：一是项目背景（正文第 1 段）；二是存在问题（正文第 2 段）；三是项目意义（正文第 3、4 段）。

分析逻辑关系后，需要 PPT 演示的内容如下。

项目背景：学生数量急剧增多，办学规模不断扩大，学分制逐步推行，设计并实现一个学籍管理系统具有较大的现实意义和使用价值。

存在问题：速度慢、强度高、效率低、保密性差、易丢失。

项目意义：网络化、速度快、强度低、效率高、保密性强、不易丢失。

3.2.4 删除次要信息

最后一步就是把与主题无关，或者关系度不够紧密的内容删除，保留精华。

3.3 PPT 框架设计

3.3.1 PPT 框架的设计方法

PPT 是一种采用线性的逻辑方式表达内容，那么制作 PPT 就需要有清晰的框架结构。在正式制作 PPT 之前，用户需要对内容进行梳理，并在纸上、Word、思维导图软件或者心里构建结构草图。这一步完成的质量直接影响后面的工作效率。PPT 框架图的制作步骤如下。

1）初步梳理文稿内容，把内容想象成一张张的幻灯片，如图 3-10 所示。

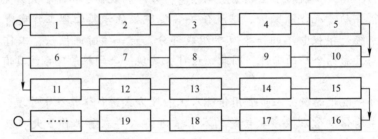

图 3-10　梳理文稿内容

2）梳理幻灯片的逻辑结构，如图 3-11 所示。

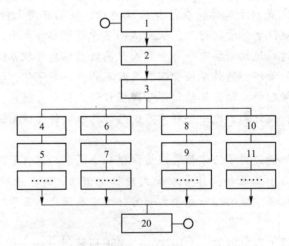

图 3-11　梳理幻灯片逻辑结构

3）按照这样的逻辑结构，把内容填充到相应的页面，如图 3-12 所示。

注意：一般情况下，页面设计时过渡页最好不要超过 5 个，每个过渡页下面的正文页不宜超过 7 个，否则观众容易忘记，导致思路混乱。特殊情况下，如果内容比较复杂，可以在过渡页之后添加分目录，但分目录在形式上应该与主目录有明显的层次感，不宜过分抢眼。

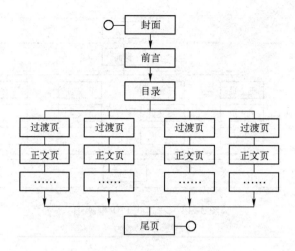

图 3-12　最终的框架结构

3.3.2　常见的 PPT 框架结构

常用的框架模式主要有以下四种。

1. 说明式

说明式结构多用于工作汇报、项目答辩、产品介绍以及课题研究等 PPT 演示。主要针对一个物品、现象、原理、逐步分析，从不同角度进行解释，一般采用树状结构，其特点在于中规中矩、结构清晰，结构框架图如图 3-13 所示。

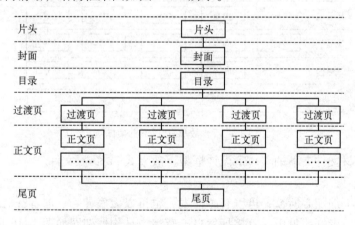

图 3-13　说明式 PPT 框架图

样例参照素材文件夹下的"PPT 设计框架 – 说明式 . pptx"文件。

2. 罗列式

罗列式结构主要用于成果展示、休闲娱乐等，一般内容比较单一，无需目录，在封面或序言后直接把内容按一定顺序（如时间、地点、重要性、关联性等）罗列出来，结构框架图如图 3-14 所示。

样例参照素材文件夹下的"PPT 设计框架 – 罗列式 . pptx"文件。

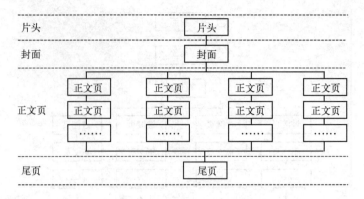

图 3-14　罗列式 PPT 框架图

3. 故事式

故事式结构主要针对一些轻松、娱乐、煽情型 PPT 演示，多用于沙龙、晚会、聚会等场所。一般按照时间、地点、事件演变的线索或者演示者内心变化的线索进行。

故事式结构主要特点是没有拘泥于形式，可以用过渡页，也可以一个故事接一个故事连续讲述；可以出现标题、解释性文字，也可以只用图片不用文字，结构框架图如图 3-15 所示。

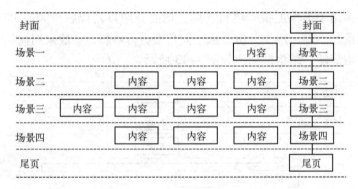

图 3-15　故事式 PPT 框架图

样例参照素材文件夹下的"PPT 设计框架 – 故事式 . pptx"文件。

4. 抒情式

抒情式结构更加随心所欲，可以有感而发，也可以无病呻吟。前者针对事件先描述，再发表自己看法；后者开门见山，直接抒发自己感情，结构框架图如图 3-16 所示。

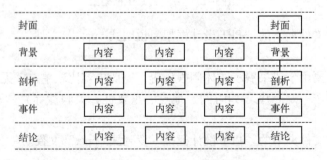

图 3-16　抒情式 PPT 框架图

样例参照素材文件夹下的"PPT设计框架 – 抒情式 . pptx"文件。

3.4 思维导图在 PPT 策划中的应用

PPT 策划可以说是一种逻辑的思考，或者说是一种心智思考的过程，是 PPT 的精髓，思维导图能够将心智思维图形化的一种解决方案。

3.4.1 思维导图简介

思维导图又称为心智图，是表达发射性思维的有效的图形思维工具，它简单却又极其有效，是一种革命性的思维工具。思维导图运用图文并重的技巧，把各级主题的关系用相互隶属与相关的层级图表现出来，把主题关键词与图像、颜色等建立记忆链接。思维导图充分运用左右脑的机能，利用记忆、阅读、思维的规律，协助人们在科学与艺术、逻辑与想象之间平衡发展，从而开启人类大脑的无限潜能。思维导图因此具有人类思维的强大功能。

思维导图是一种将放射性思考具体化的方法。放射性思考是人类大脑的自然思考方式，每一种进入大脑的资料，不论是感觉、记忆或是想法——包括文字、数字、符号、气味、食物、线条、颜色、意象、节奏以及音符等，都可以成为一个思考中心，并由此中心向外发散出成千上万的关节点，每一个关节点代表与中心主题的一个连结，而每一个连结又可以成为另一个中心主题，再向外发散出成千上万的关节点，呈现出放射性立体结构，而这些关节的连结可以视为用户的记忆，也就是用户的个人数据库。

思维导图软件有 MindManager、NovaMind、iMindMap、XMIND 等。

3.4.2 案例：运用 iMindMap 软件设计 PPT 框架

本例使用 iMindMap 7 软件，用鼠标双击"iMindMap 7"图标打开 iMindMap 7 软件，进入软件初始页面，如图 3-17 所示。

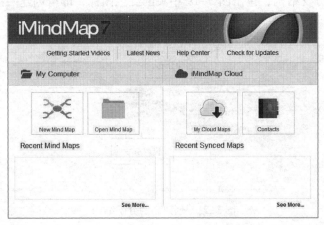

图 3-17 iMindMap 7 软件初始界面

单击图 3-17 中的"New Mind Map"图标，即可创建一个新的 iMindMap 项目文件，同时会打开"选择中央图标"对话框，如图 3-18 所示。

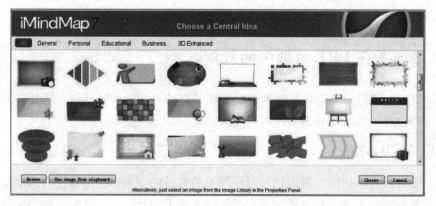

图 3-18 "选择中央图标"对话框

选择自己喜欢的图标,单击"choose"按钮,即可创建一个思维导图文件,如图 3-19 所示。用鼠标双击图 3-19 中间的"Central Idea"文本,即可修改"中央主题文字",如修改为"校园招聘宣讲会",并且修改文本的字体与文字大小,如图 3-20 所示。

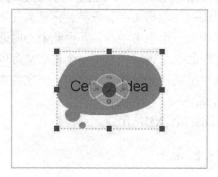

图 3-19 选择中央图标

图 3-20 修改中央主题文字

下面开始绘制分支结构,单击图 3-19 中央的红色图标,即可创建一条分支,如图 3-21 所示。

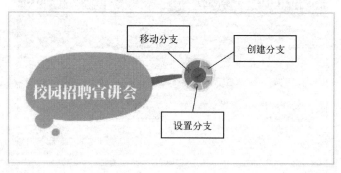

图 3-21 创建新的分子结构

单击图 3-21 中的设置分支按钮,即可打开"设置分支"选项,选择"Convert"选项,如图 3-22 所示,即可转换分支选项为一个圆角矩形框,如图 3-23 所示。

注意: 根据自己的兴趣,还可以设置"Align""Colour""Shape""Branch Art"等选项。除了格式(Format)外,还可以设置"Image""Edit""Objects"等选项。

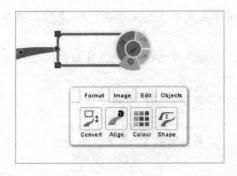

图 3-22　设置分支

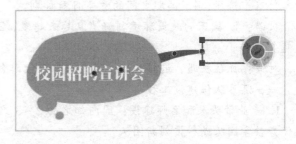

图 3-23　修改分支内容

在图 3-23 中间输入文本"公司介绍",将文字字体设置为"长城特粗宋体",大小设置为 28,颜色为蓝色,效果如图 3-24 所示,继续添加其他分支,效果如图 3-25 所示。

图 3-24　设置第一条分支的效果

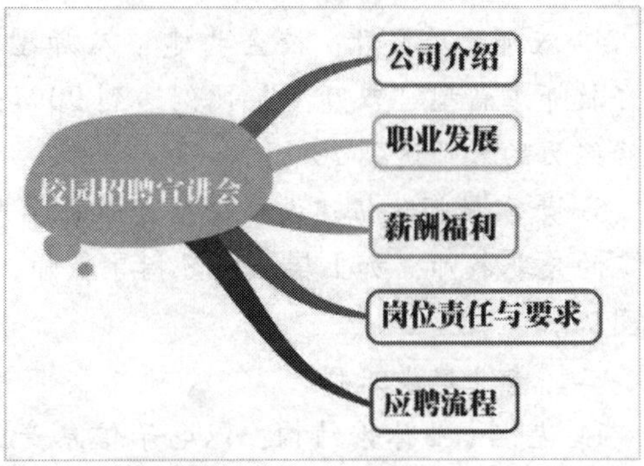

图 3-25　设置分支框样式

设置分支框为绿色,字体颜色为白色,继续添加其他分支即可。其他分支与此类同,不再赘述。

技巧:

1)在完成基础思维导图的创建后单击工具栏中的"3D Map"图标**3D**即可将已经创建的思维导图转换为 3D 思维导图。

2)在完成基础思维导图的创建后单击工具栏中的"Present"图标 ,即可进入演示界面,可以生成动态视频的思维导图。

3.5　策划案例:事业单位工作汇报

3.5.1　案例 1:文稿材料的整理

文稿初步提炼:

整理文稿材料,要分析其逻辑关系,即对各重点内容进行深入解析,确定 PPT 细节方面的取舍。主要任务是分析各细节内容的真实性、重要性以及和主要线索之间的逻辑合理性。

题目:十三五期间学校发展的几个重要问题

汇报背景:面临的挑战和机遇

挑战：1. 生源持续下降；2. 家长、企业、社会对毕业生要求越来越高；3. 中职、应用型本科双重挤压；4、高职之间的竞争日益加剧。

机遇：1. 国家的政策环境利好消息越来越多；2. 行业产业的优势；3. 区域经济社会发展越来越好。

对策：抓住机遇，迎接挑战，锐意进取，改革创新，狠抓内涵，争创一流。

一、师资队伍建设工程

1. 专业带头人和名师建设：国内知名的 2~3 名，省内知名的 5~8 名，新增 1~2 个省级优秀教学团队或科技创新团队。

2. 博士工程：继续推进，结合品牌专业建设，统筹安排，做好规划；培养或引进博士（含博士生）30 名。

3. 骨干教师队伍：提升教学能力和教科研能力，培养 100 名左右的中青年骨干教师，硕士以上学位比例达到 90%。

4. 双师素质提升：校企共建"双师型"教师培养培训基地；结合现代学徒制的开展；专任教师中新型"双师型"比例达到 90%；具有两年以上企业工作经历或三个月以上企业进修经历的教师达到 70%。

5. 兼职教师队伍建设：每个专业每学期都要有兼职教师上课，每个专业至少有 3~5 名稳定的兼职教师，加上毕业实习指导教师，组成 300 人左右的兼职教师资源库，构成混编教学团队。

二、专业建设工程

1. 优化专业体系结构：以电子信息产业为主，向现代服务业和战略新兴产业拓展。深化电子商务、网络营销专业内涵，做强会计和财务管理类专业，继续办好报关、现代物流等专业；积极拓展智能制造、工业机器人技术、轨道交通、新能源、大数据云计算等。

2. 提升专业建设水平：以省级品牌建设专业为引领，省级品牌建设专业瞄准国内一流；校级品牌专业为支撑，瞄准省内一流；辐射和带动校内的一般专业。大力建设，建出水平，建出特色。

三、学生素质提升工程

创新创业教育要贯穿教育教学的全过程。

1. 深化教育教学改革：创新人才培养模式，改革教学内容、方法和手段，课程改革。

2. 提高课堂教学质量：学情分析与课程标准把握结合，理论与实践结合、教与学结合、传统教法与信息化教学结合，学会与会学结合。

3. 实践创新能力提升：开放实训室、技能大赛、第二课堂、大学生创新创业基地等。

4. 其他：思想道德素质、职业素养、人文素质、身体和心理素质等。

四、招生就业工程

1. 招生：生命线。多种生源，全年招生，精准招生，政策支持，全员发动。

2. 就业创业：提高就业率，提高就业质量。鼓励学生创业，打造创业基地。

五、科研社会服务工程

科研队伍建设：学校、院系二级管理，专职科研人员队伍和团队建设亟待加强。

发挥平台作用：九个省级平台为载体，带动辐射其他科研项目和队伍。

加大社会培训力度：每个院系都要有社会培训任务，培训项目和培训人次要逐年递增。

六、现代职教体系构建工程

1. 对接中职：响应教育部要求，拓展生源。

2. 对接应用型本科：吸引优质生源，锻炼师资队伍，构造职业教育立交桥。

3. 提升办学层次：从专业层面上，探索试办本科层次的职业教育；从学校层面上，在区域内；在信息产业系统内。

1. 定位分析

通过分析，本案例的受众人群为校内的干部或教师，年龄跨度在 25～60 岁之间，主要是问题的解读分析，所以在设计 PPT 时候要兼顾到以上条件限制。对本实例的设计有了大致要求。

1）画面：严谨风格适合工作汇报类 PPT。

2）风格及结构：针对工作汇报类 PPT 的思维方式为逻辑性思维，因此统一的风格更具逻辑性。在结构设计上也要遵循逻辑性，PPT 以连贯的结构为主，可以采用说明式框架结构。

3）颜色设计：本案例所在单位为"淮安信息职业技术学院"，是一所信息类高职院校，以深蓝为用色主色调更显专业性，采用扁平化的设计思路。

4）文字：以解释型文字为主，但也要做到主次分明。通过设置不同颜色或不同字号加以区分文字主次。PPT 文字篇幅不宜太长，否则听众会抓不住内容关键信息，因此选取文字内容需要对文字进行提炼。

2. 文稿提炼

此部分内容可以分解为两个层次。一是背景信息，背景中谈到了挑战与机遇，然后提出对策；二是学校发展的几个重要问题，包括六个方面的问题。

文稿简化如下。

1）项目背景：挑战与机遇，提出对策。

2）存在问题：师资队伍建设、学生素质提升、招生就业、科研社会服务、现代职教体系构建。

3.5.2 案例2：PPT 框架策划

本案例可以采用说明式框架结构，如图 3-26 所示。

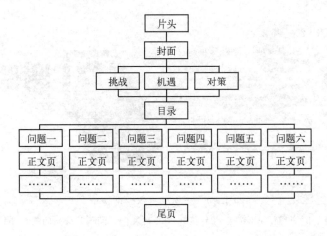

图 3-26 案例 PPT 框架图

3.5.3 案例3：PPT设计效果展示

依据本案涉及，实现的页面效果如图3-27所示。

图3-27 本案例最终实现效果

a) 片头 b) 封面 c) 背景 d) 策略 e) 目录 f) 问题1 g) 问题2 h) 尾页

3.6 拓展训练

某村大学生村官在一次创业活动上展示自己创业成果，现将他的 PPT 原稿内容进行重新策划，制作成一份美观大方的汇报 PPT。

原始 PPT 如图 3-28 所示。参考方案如图 3-29 所示。

图 3-28 喔喔绿色家禽养殖合作社文本资料

a）封面 b）经济效益

图 3-29 喔喔绿色家禽养殖合作社策划与美化后

a）封面 b）经济效益

第 4 章　PPT 基础与文字

4.1　初探 PowerPoint 2013

4.1.1　PowerPoint 2013 的操作界面

PowerPoint 2013 继承了 Office 家族的传统优势，以易用性、智能化和集成性为基础，将功能进一步改进与优化，从而为用户提供了一个崭新的学习操作界面，本节将详细介绍 PowerPoint 2013 操作界面的相关知识。

启动 PowerPoint 2013，执行"开始"→"所有程序"→"Microsoft Office 2013"→"Microsoft PowerPoint 2013"命令，可以在打开软件的同时建立一个新的文档，如图 4-1 所示。

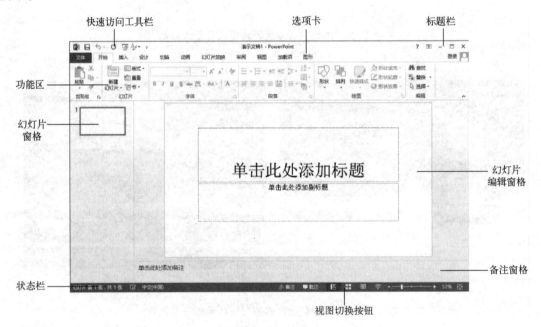

图 4-1　PowerPoint 2013 工作界面

1. 标题栏

标题栏位于 PowerPoint 2013 工作界面的最上方，用于显示当前正在编辑的演示文稿和程序名称。拖动标题栏可以改变窗口的位置，用鼠标双击标题栏可最大化或还原窗口。在标题栏的最右侧是"最小化"按钮▬、"最大化"按钮▢、"还原"按钮🗗 和"关闭"按钮✕，用于执行窗口的最小化、最大化、还原和关闭操作。

2. 快速访问工具栏

快速访问工具栏位于 PowerPoint 2013 工作界面的左上方，用于快速执行一些操作。默认情况下快速访问工具栏中包括 4 个按钮，分别是"保存"按钮🖫、"撤销键入"按钮↶、"重复键入"按钮↻和"从头开始播放"按钮🖵。在 PowerPoint 2013 的使用过程中，用户可以根据实际工作需要，添加或删除快速访问工具栏中的命令选项。

3. Backstage 视图

PowerPoint 2013 为方便用户使用 Backstage 视图，在该视图中可以对演示文稿中的相关数据进行方便有效的管理。Backstage 视图取代了早期版本中的"Office"按钮和文件菜单，使用起来更加方便，如图 4-2 所示。

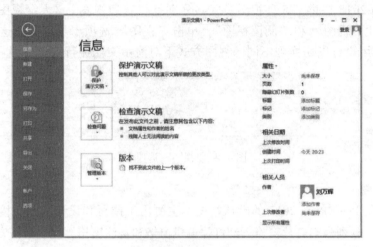

图 4-2　Backstage 视图

4. 功能区

PowerPoint 2013 的功能区位于标题栏的下方，默认情况下由 11 个选项卡组成，分别为"文件""开始""插入""设计""切换""动画""幻灯片放映""审阅""视图""加载项"和"图形"。每个选项卡中包含不同的功能区，功能区由若干组组成，每个组中由若干功能相似的按钮和下拉列表组成，如图 4-3 所示。

图 4-3　功能区

5. 幻灯片编辑窗格

幻灯片编辑窗格位于窗口中间，在此区域内可以向幻灯片中输入内容并对其内容进行编辑、插入图片、设置动画效果等，是 PowerPoint 2013 的主要操作区域。

6. 幻灯片窗格

PowerPoint 2013 幻灯片窗格位于幻灯片编辑窗口的左侧，主要显示演示文稿中所有的幻灯片。

7. 备注窗格

备注窗格位于 PowerPoint 2013 工作区的下方，用于为幻灯片添加备注，从而完善幻灯片的内容，便于用户查找编辑。

8. 状态栏

状态栏位于窗口的最下方，PowerPoint 2013 的状态栏显示的信息更丰富，具有更多的功能，如查看幻灯片张数、显示主题名称、进行语法检查、切换视图模式、幻灯片放映和调节显示比例等。

4.1.2 PowerPoint 2013 视图方式

PowerPoint 2013 提供了 5 种视图模式，分别是"普通视图""大纲视图""幻灯片浏览视图""备注页视图"和"阅读视图"，单击"视图"选项卡可以浏览这几个视图，如图 4-4 所示，用户可以切换到不同的视图方式下对演示文稿进行查看与编辑。

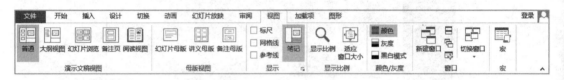

图 4-4 "视图"选项卡

1. 普通视图

普通视图是 PowerPoint 2013 的默认视图，主要用于撰写和设计演示文稿。普通视图包含了 3 种窗格，分别为幻灯片窗格、幻灯片编辑窗格和备注窗格，这些窗格方便用户在同一位置设置演示文稿的各种特征。拖动不同的窗格边框可以调整窗格的大小。在普通视图中，可以随时查看演示文稿中某张幻灯片的显示效果、文档大纲和备注内容。

2. 大纲视图

可以使浏览者看到整个版面中各张幻灯片的主要内容，也可以直接在上面进行排版与编辑。最主要的是，可以在大纲视图中查看整个演示文稿的主要构想，可以插入新的大纲文件。

3. 幻灯片浏览视图

在 PowerPoint 2013 中幻灯片浏览视图可将演示文稿中的所有幻灯片中内容按照缩略图的效果显示，以方便用户对整个演示文稿效果的查看，另外，还可以很方便地对幻灯片进行移动、删除等操作。用户可以同时查看文稿中的多个幻灯片，从而可以很方便地调整演示文稿的整体效果。如果准备切换到幻灯片浏览视图，打开功能区中的"视图"选项卡，在"演示文稿视图"组中单击"幻灯片浏览"按钮即可，幻灯片浏览视图如图 4-5 所示。

4. 备注页视图

备注页视图用于为演示文稿中的幻灯片添加备注内容，用户可以为每张幻灯片创建独立的备注页内容。在普通视图的备注窗格中输入备注内容后，如果准备以整个页面的形式查看和编辑备注，可以将演示文稿切换到备注页视图，在"视图"选项卡的"演示文稿视图"组中单击"备注页"按钮即可切换到备注页视图，如图 4-6 所示。

5. 阅读视图

在 PowerPoint 窗口中播放幻灯片，可以方便地查看幻灯片的动画与切换效果，无需切换到全屏浏览幻灯片，单击"阅读视图"按钮，如图 4-7 所示。

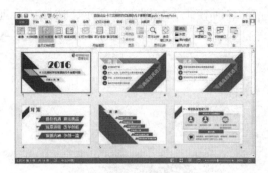
图 4-5　幻灯片浏览视图

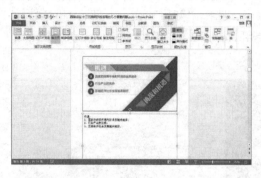
图 4-6　备注页视图

图 4-7　阅读视图

4.2　创建、保存与关闭演示文稿

在使用 PowerPoint 2013 制作演示文稿前，首先需要创建一个演示文稿，创建演示文稿的方法有很多种，用户可以根据个人需要选择合适的方法进行操作。

4.2.1　创建演示文稿

演示文稿是 PowerPoint 中的文件，它由一系列幻灯片组成。幻灯片可以包含醒目的标题、合适的文字说明、生动的图片以及多媒体组件等元素。

1. 新建空白演示文稿

如果用户对创建文稿的结构和内容较熟悉，可以从空白的演示文稿开始，操作步骤如下：

切换到"文件"选项卡，单击"新建"命令，选择中间窗格内的"空白演示文稿"选项。单击"创建"按钮，即可创建一个空白演示文稿。

2. 根据模板新建演示文稿

借助于演示文稿的华丽性和专业性，观众才能被充分感染。如果用户没有太多的美术基础，可以用 PowerPoint 模板来构建缤纷靓丽的具有专业水准的演示文稿。切换到"文件"选项卡，选择"新建"命令，即可浏览到软件自带的各种模板，如图 4-8 所示，选择"欢迎使用 PowerPoint"模板，即可新建一个使用"欢迎使用 PowerPoint"模板的窗口，如图 4-9所示。

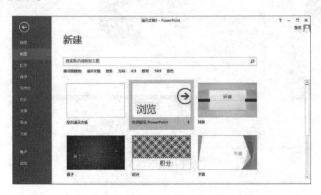

图 4-8　新建窗口　　　　　　　　　　　　　图 4-9　样本模板

4.2.2　保存与关闭演示文稿

在编辑演示文稿的同时，还需要对演示文稿进行保存，以防止误操作而造成的演示文稿丢失。对演示文稿编辑完成后，可以将演示文稿关闭，进而结束编辑工作。

1. 保存演示文稿

在 PowerPoint 2013 中，编辑完演示文稿以后，需要将演示文稿保存起来，方便下次使用，下面将详细介绍保存演示文稿的操作。

1）启动 PowerPoint 2013，选择"文件"选项卡，在打开的 Backstage 视图中选择"保存"选项。

2）弹出"另存为"对话框，选择准备保存文件的目标位置，在"文件名"文本框中输入准备保存的文件名，单击"保存"按钮。

3）返回演示文稿，用户可以看到保存后的演示文稿标题名称已变为刚刚修改的名称，通过以上步骤即可完成保存演示文稿的操作。

2. 关闭演示文稿

退出 PowerPoint 2013 时，打开的演示文稿文件会自动关闭，如果希望在不退出 Power-Point 2013 的前提下关闭演示文稿文件，可以按照以下方法进行操作。

启动 PowerPoint 2013，选择"文件"选项卡，在打开的 Backstage 视图中选择"关闭"选项。通过以上步骤即可完成关闭演示文稿的操作。

3. 打开演示文稿

对于已经保存或者编辑过的演示文稿，用户可以再次将其打开进行查看与编辑，下面将详细介绍打开演示文稿的操作方法。

1）启动 PowerPoint 2013，选择"文件"选项卡，在打开的 Backstage 视图中选择"打开"选项。

2）弹出"打开"对话框，选择准备打开文件的目标位置，然后选择准备打开的文件，单击"打开"按钮，即可完成打开演示文稿的操作。

4.3 幻灯片的基本操作

一般来说，演示文稿中会包含多张幻灯片，用户需要对这些幻灯片进行相应的管理。

1. 选择幻灯片

在普通视图的"大纲"选项卡中，单击幻灯片标题前面的图标，即可选中该幻灯片。选中连续的一组幻灯片时，先单击第一张幻灯片的图标，然后按住〈Shift〉键，并单击最后一张幻灯片的图标。在普通视图或幻灯片浏览视图中，按〈Ctrl + A〉组合键，可以选中当前演示文稿中的全部幻灯片。

2. 插入幻灯片

在幻灯片浏览窗格中，单击某张幻灯片，然后按〈Enter〉键，可以在当前幻灯片的后面插入一张新的幻灯片。

3. 复制幻灯片

如果要在演示文稿中复制幻灯片，请参照如下步骤进行操作：

1）在幻灯片浏览视图中，或者在普通视图的"大纲"选项卡中，选定要复制的幻灯片。

2）按住〈Ctrl〉键，然后按住鼠标左键拖动选定的幻灯片。在拖动过程中，出现一个竖条表示选定幻灯片的新位置。

3）释放鼠标左键，再松开〈Ctrl〉键，选定的幻灯片将被复制到目标位置。

也可以直接使用"复制"与"粘贴"命令。

4. 移动幻灯片

在视图窗格中选定要移动的幻灯片，然后按住鼠标左键并拖动，此时长条直线就是插入点，到达新的位置后松开鼠标按键。用户也可以利用"剪贴板"选项组中的"剪切"和"粘贴"命令或对应的快捷键来移动幻灯片。

5. 删除幻灯片

选中要删除的一张或多张幻灯片，按〈Delete〉键即可，幻灯片被删除后，后面的幻灯片自动向前排列。

6. 更改幻灯片的版式

选定要设置的幻灯片，切换到"开始"选项卡，在"幻灯片"选项组中单击"版式"命令，从下拉菜单中选择一种版式，即可快速更改当前幻灯片的版式。

另外，在编辑幻灯片的过程中，用户有时会放大幻灯片以处理某些细节。当处理完毕后，想再次呈现整张幻灯片时，单击窗口右下角的"使幻灯片适应当前窗口"按钮，可以让幻灯片快速缩放至最合适的显示尺寸。

4.4 幻灯片的页面设置

编辑完成演示文稿内容后，用户常常会根据需要对演示文稿进行打印，以方便携带与使用，在打印演示文稿之前，通常会首先对幻灯片的页面进行设置，以达到更好的打印效果，本节将详细介绍幻灯片的页面设置相关知识及操作方法。

4.4.1　设置幻灯片的大小和方向

在打印幻灯片之前，需要对幻灯片的页面进行设置，包括设置幻灯片的大小及方向等，下面详细介绍设置幻灯片大小与方向的操作方法。

打开 PowerPoint 演示文稿，选择"设计"选项卡，在"设计"选项组中单击"幻灯片大小"按钮，弹出菜单，如图 4-10 所示，选择"自定义幻灯片大小"选项，弹出"幻灯片大小"对话框，如图 4-11 所示，用户可以根据需要设置幻灯片的大小。

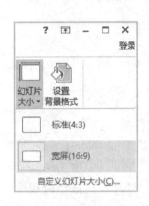

图 4-10　"幻灯片大小"按钮　　　　图 4-11　"幻灯片大小"对话框

4.4.2　设置页眉和页脚

如果准备将幻灯片的编号、时间和日期、演示文稿的标题和演示者的姓名等信息添加到演示文稿中，还可以为幻灯片设置页眉和页脚，下面具体介绍其操作方法。

1）打开 PowerPoint 演示文稿，选择"插入"选项卡，在"文本"选项组中单击"页眉和页脚"按钮，如图 4-12 所示。

图 4-12　插入"页眉和页脚"

2）弹出"页眉和页脚"对话框，选择"幻灯片"选项卡，选中"日期和时间"复选框、"自动更新"单选按钮和"幻灯片编号"复选框，然后选中"页脚"复选框并在其文本框中输入文本内容，单击"全部应用"按钮，如图 4-13 所示。

3）用户可以看到 PowerPoint 文档中的幻灯片页眉和页脚都已经添加了相关内容，通过上述操作即可为每张幻灯片设置页眉和页脚。

图 4-13 "页眉和页脚"对话框

4.5 幻灯片的文字使用

演示文稿非常注重视觉效果，但正文文本仍然是演示者与观众之间最主要的沟通交流工具。因此，添加文本是制作幻灯片的基础，同时还要对输入的文本进行必要的格式设置。

4.5.1 文本的输入、编辑与格式化

1. 插入文本

打开 PowerPoint 2013 演示文稿，选择"插入"选项卡，在"文本"选项组中单击"文本框"按钮，如图 4-12 所示，选择"横排文本框"选项，然后直接在幻灯片编辑窗格中绘制即可。用户也可以直接将文本输入到幻灯片的占位符中，这是向幻灯片中添加文字最简单的方式。

2. 格式化文本

所谓文本的格式化，是指对文本的字体、字号、样式及色彩进行必要的设置，通常这些项目是由当前设计模板定义好的，设计模板作用于每个文本对象或占位符。

PowerPoint 2013 提供了许多格式化文本工具，能够快速设置文本的字体、颜色、字符间距等。

4.5.2 艺术字的使用

在 PowerPoint 2013 中，用户可以将现有的文字转换为艺术字。另外，用户还可以通过更改文字或艺术字的填充以及更改其轮廓或添加阴影、反射、发光、三维旋转或棱台等特效来更改艺术字的外观，使其更具美感。

1. 多种多样的艺术字效果

艺术字是一个文字样式库，用户可以将艺术字添加到演示文稿中以制作出装饰性效果，如带阴影的文字或镜像文字等。例如文字中间填充图片后的感觉如图 4-14 所示。

图 4-14　文字使用艺术化页面效果

2. 艺术字的应用

在幻灯片中插入艺术字的具体步骤如下。

1）打开 PowerPoint 2013 演示文稿，切换到"插入"选项卡，在"文本"选项组中单击"艺术字"按钮，如图 4-12 所示。

2）弹出艺术字样式库，用户可以根据需要选择合适的样式。在此选中"渐变填充 - 蓝色，强调文字颜色 1"，如图 4-15 所示。

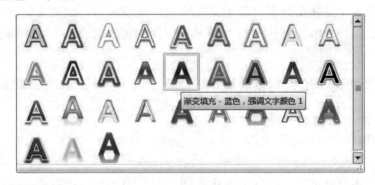

图 4-15　显示艺术字选项

3）在艺术字占位符中输入文本"校园招聘宣讲会"，应用艺术字样式后的效果如图 4-16 所示。

4）用户可根据喜好对艺术字的字体、大小进行设置，例如设置字体为"文鼎特粗宋简"，大小为 60，最后效果如图 4-17 所示。

校园招聘宣讲会	校园招聘宣讲会
图 4-16　插入艺术字后的效果图	图 4-17　修改字体与大小后的艺术字

5）接下来可以更改艺术字的效果，选中艺术字，在"绘图工具"栏中，切换到"格式"选项卡，选中"校园招聘宣讲会"，单击"文本效果"按钮，在弹出的下拉菜单中选择"映像"中的"半映像，4pt 偏移量"选项，如图 4-18 所示，文字效果如图 4-19 所示。

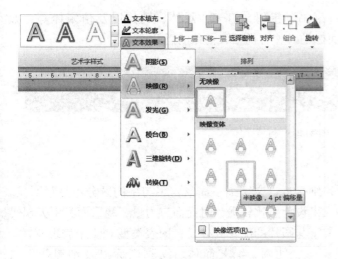

图4-18　设置艺术字的映像效果　　　　　　　　　　　图4-19　文字映像效果

6）最后，插入企业 LOGO 与背景图片，效果如图4-20 所示。

图4-20　最终的 PPT 页面效果

4.6　PPT 中的字体使用

文字是 PPT 不可或缺的设计元素之一。简洁、合理的文字设计会让 PPT 看起来一目了然。

4.6.1　中文字体的介绍

字体是文字的外在形式特征，是文化的载体。字体的艺术性体现在其完美的外在形式与丰富的内涵之中。计算机中的字体存在于"C：\ Windows \ Fonts"文件夹里。

4.6.2　字体的分类

PPT 中使用的字体主要有衬线字体、无衬线字体、书法字体。

1. 衬线字体

衬线字体在笔画开始和结束的地方有额外的装饰，而且笔画的粗细有所不同。文字细节较复杂，较注重文字与文字的搭配和区分，在纯文字的 PPT 中使用较好。

常用的衬线字体有宋体、楷体、隶书、粗倩、粗宋、舒体、姚体以及仿宋体等，如图4-21所示。使用衬线字体作为页面标题时，有优雅、精致的感觉。

图4-21　衬线字体

2. 无衬线字体

无衬线字体笔画没有装饰，笔画粗细接近，文字细节简洁，字与字的区分不是很明显。相对衬线字体的手写感，无衬线字体人工设计感比较强，时尚而有力量，稳重而又不失现代感。无衬线字体更注重段落与段落、文字与图片的配合区分，在图表类型PPT中表现较好。

常用的无衬线体有黑体、微软雅黑、幼圆、综艺简体、汉真广标以及细黑等，如图4-22所示。使用无衬线字体作为页面标题时，有简练、明快、爽朗的感觉。

图4-22　无衬线字体

3. 书法字体

书法字体就是书法风格的分类。书法字体，传统讲共有行书字体、草书字体、隶书字体、篆书字体和楷书字体五种，也就是五个大类。在每一大类中又细分若干小的门类，如篆书又分大篆、小篆，楷书又有魏碑、唐楷之分，草书又有章草、今草、狂草之分。

PPT常用的书法体有苏新诗柳楷、迷你简启体、迷你简祥隶、叶根友毛笔行书等，如图4-23所示。书法字体常被用在封面、片尾，用来表达传统文化或富有艺术气息的内容。

图4-23　书法字体

4.6.3　字体的使用技巧

许多人都认为图片漂亮且制作精美的PPT才是好的PPT。其实不然，内容有条理、逻辑清晰的文字才能传达PPT的精髓。

1. 字体选择的技巧

字体不同，特点不同，表意就会不同。字体的选择要适合场景和主题。

（1）中文字体选择

PowerPoint 2013的默认中文字体是宋体，但推荐使用的是微软雅黑，不同的字体表达的意义不同。

宋体：字形方正，结构严谨，精致细腻，显示清晰，适合用于正文。

楷体：字体经典，具有很强的文化气质。在 PPT 中，用于内文的书写和部分标题的使用。

黑体：字形庄重，突出醒目，具有现代感，适合 PPT 标题。

微软雅黑：字形粗壮，笔画饱满，字体清晰，适合用于标题或正文。

隶书：字形秀美，历史悠久，艺术感强，在 PPT 中使用较少。

方正综艺简体：笔画粗，尽量将空间充满、美观，对拐弯处的处理较为圆润，用于标题。

方正粗宋简体：笔画粗壮，字形端正浑厚，常用于标题。

方正粗倩简体：庄重、大方，适合用于标题。

方正稚艺体：带有卡通风味，活泼而不死板，适用标题。

不同中文字体的不同视觉效果如图 4-24 所示。

宋体	横细竖粗，末端有装饰部分，可用正文
黑体	笔画整齐划一，可读性差，少用于正文
方正综艺简体	笔画粗,尽量将空间充满、美观,对拐弯处的处理较为圆润，用于标题
方正粗宋简体	笔画粗壮，字形端正浑厚，常用标题
方正粗倩简体	庄重大方，适合用于标题
方正稚艺体	带有卡通风味，活泼而不死板，适用标题
微软雅黑	字形略呈扁方而饱满，笔画简洁而舒展，易于阅读，常用于正文

图 4-24　不同中文字体的不同视觉效果

（2）英文字体选择

PowerPoint 2013 的默认英文字体是 Calibri，但推荐使用的是 Times New Roman 或 Arial。

Times New Roman 是一套衬线体字型，字体端正大方，结构清晰，风格统一，可用于包装印刷、平面广告、手稿设计、正文标题等应用。

Arial 是一套无衬线体字型，字形稳健，应用广泛，是标准的英文字体。

中文与英文字体的不同视觉效果如图 4-25 所示。

PowerPoint 2013推荐使用字体

中文使用：微软雅黑　　　英文使用：Arial

样　例：微软雅黑　　　样　例：Arial

图 4-25　不同中英文字体的视觉效果

2. 字体大小的设置

演示文稿的字体虽不能太大但也不宜过小，用于演示的 PPT 最小字号最好不要小于 18 号，用于阅读的最小字号最好不小于 12 号。但字体大小主要取决于 PPT 页面设置的大小，字体可根据页面的大小进行调整。

3. 如何让文字视觉化

为了让幻灯片更具视觉化效果，用户可以通过加大字号、给文字着色以及给文字配图的方法增强文字的可读性，从而增强文字的视觉效果。

1）加大字号可以使幻灯片标题一看就很醒目。

2）给文字着色时，颜色组合的目的是使文字具有高对比度、高清晰度的特点，以便于读者阅读。

3）给文字配图。在幻灯片中添加相关的图配合文字的表述，能够更加清晰地展现 PPT 要表达的主题，如图 4-26 所示。

“裸奔”
构图差
思维错乱
市场现状
我们更有优势
图像定位系统

a)　　b)

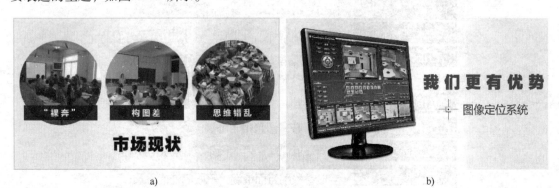

图 4-26　让文字具有视觉化效果

a）文字本身　b）文字经过精简后

4.6.4　PPT 中字体的经典组合体

经典搭配 1：方正综艺体（标题）+ 微软雅黑（正文）。此搭配适合进行课题汇报、咨询报告、学术报告等正式场合，如图 4-27 所示。

方正综艺体有足够的分量，微软雅黑足够饱满，两者结合能让画面显得庄重、严谨。

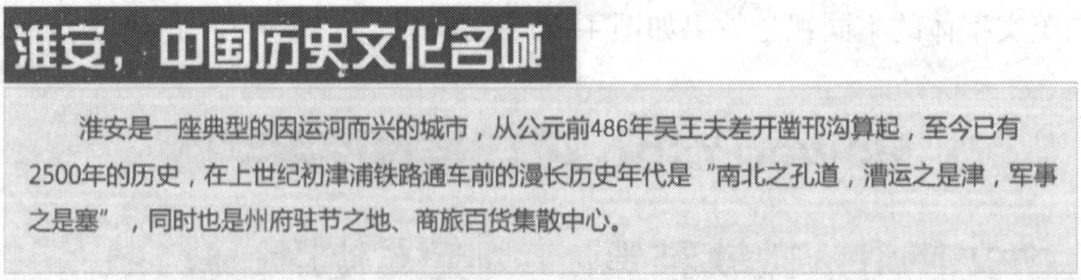

淮安，中国历史文化名城
淮安是一座典型的因运河而兴的城市，从公元前486年吴王夫差开凿邗沟算起，至今已有2500年的历史，在上世纪初津浦铁路通车前的漫长历史年代是"南北之孔道，漕运之是津，军事之是塞"，同时也是州府驻节之地、商旅百货集散中心。

图 4-27　方正综艺体（标题）+ 微软雅黑（正文）

经典搭配 2：方正粗宋简体（标题）+ 微软雅黑（正文）。此搭配适合使用在会议之类的严肃场合，如图 4-28 所示。

方正粗宋简体是会议场合使用的字体，庄重严谨，铿锵有力，所以显示了一种威严与规矩。

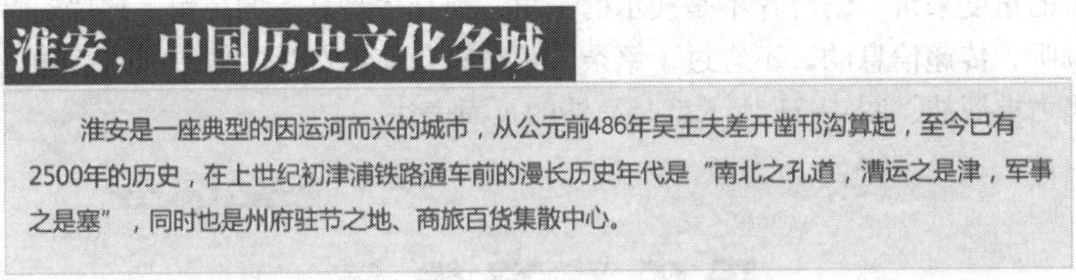

淮安，中国历史文化名城

淮安是一座典型的因运河而兴的城市，从公元前486年吴王夫差开凿邗沟算起，至今已有2500年的历史，在上世纪初津浦铁路通车前的漫长历史年代是"南北之孔道，漕运之是津，军事之是塞"，同时也是州府驻节之地、商旅百货集散中心。

图 4-28　方正粗宋简体（标题）+ 微软雅黑（正文）

经典搭配 3：方正粗倩简体（标题）+ 微软雅黑（正文）。此搭配适合使用在企业宣传、产品展示之类场合，如图 4-29 所示。

方正粗倩简体不仅有分量，而且有几分温柔与洒脱，让画面显得足够鲜活。

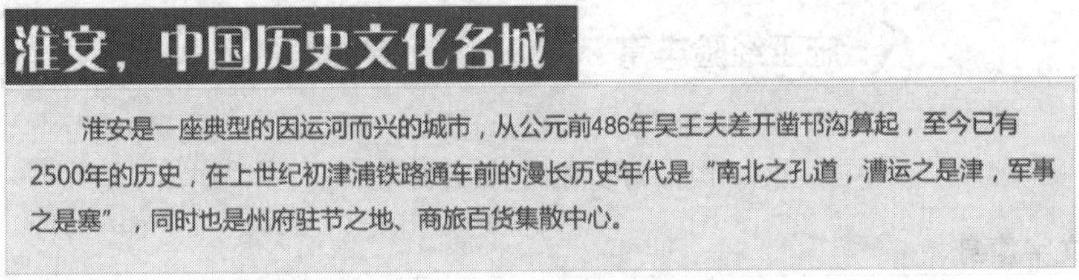

淮安，中国历史文化名城

淮安是一座典型的因运河而兴的城市，从公元前486年吴王夫差开凿邗沟算起，至今已有2500年的历史，在上世纪初津浦铁路通车前的漫长历史年代是"南北之孔道，漕运之是津，军事之是塞"，同时也是州府驻节之地、商旅百货集散中心。

图 4-29　方正粗倩简体（标题）+ 微软雅黑（正文）

经典搭配 4：方正卡通简体（标题）+ 微软雅黑（正文）。此搭配适合于卡通、动漫、娱乐等活泼一点的场合，如图 4-30 所示。

方正卡通简体轻松活泼，能增加画面的生动感。

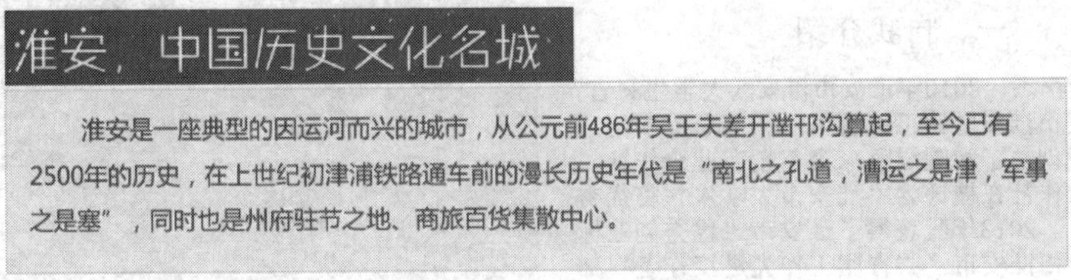

淮安，中国历史文化名城

淮安是一座典型的因运河而兴的城市，从公元前486年吴王夫差开凿邗沟算起，至今已有2500年的历史，在上世纪初津浦铁路通车前的漫长历史年代是"南北之孔道，漕运之是津，军事之是塞"，同时也是州府驻节之地、商旅百货集散中心。

图 4-30　方正卡通简体（标题）+ 微软雅黑（正文）

此外，用户还可以使用微软雅黑（标题）+ 楷体（正文）、微软雅黑（标题）+ 宋体（正文）等搭配。

4.7　文本型 PPT 处理的方法与技巧

4.7.1　技巧：文字的凝练

赏心悦目是对 PPT 设计的最低要求。如果一张幻灯片的内容过于纷繁复杂，容易引起观众的视觉疲劳。

1. 简洁，再简洁

从演讲的角度来讲，幻灯片不是演示的主角，观众才是真正的主角，这些幻灯片仅仅是用来帮助倾听、传递信息的，不宜过于繁杂，繁杂只会使幻灯片的效果大打折扣，所以做幻灯片时应当力求简洁，图4-31所示就是简洁的页面表达。

图4-31　简洁的页面表达

2. 给文字瘦身

"把字堆成山"是PPT制作的大忌，会大大削弱PPT的表现力。例如图4-32a所示的修改前PPT。

此时应该使用项目符号对段落进行分解，分清主次，按条罗列。还可以使用加粗、变色、斜体、艺术字等文字特效来凸显重点内容。将PPT修改后的效果如图4-32b所示。

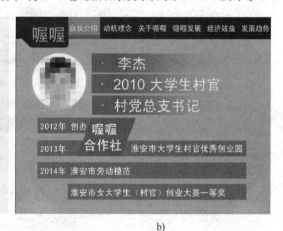

a)　　　　　　　　　　　　　　　　　　　　b)

图4-32　给文字瘦身

a）文字本身　b）文字经过精简后

3. 用好备注栏

专业的PPT，应该尽量字少图多，详细的内容可以写在备注栏里，方便演讲者查看，所以应充分利用备注栏。

4.7.2 文本型幻灯片的展示

文本型幻灯片是演示文稿设计中常见的类型之一。它通过文本框和形状的组合来制作出精美的幻灯片模板，从而在演示文稿制作中广泛地应用。

1. 并列式模板

并列式模板主要包括水平并列和垂直并列两种形式，如图 4-33 所示。

2. 递进式模板

递进式模板通常采用图形化的箭头来表示不同内容之间的递进关系，层次感较强，如图 4-34 所示。

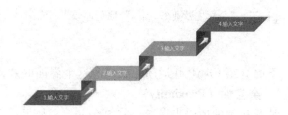

图 4-33　并列式文本模板举例　　　　　　　　图 4-34　递进式文本模板举例

3. 对比式模板

对比式模板通过对比的方式，利用对比图形简明扼要地突出要表达的观点，逻辑性较强，如图 4-35 所示。

4. 阶梯式模板

阶梯式模板是在图形列表、递进式模板的基础之上衍生而来的，一直以来这种一步一台阶的图形模式深受广大爱好者的喜欢，效果如图 4-36 所示。

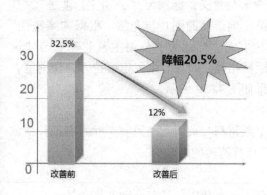

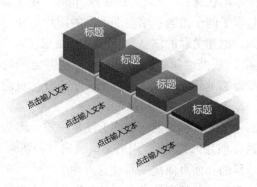

图 4-35　对比式文本模板举例　　　　　　　　图 4-36　阶梯式文本模板举例

4.7.3 排版技巧案例：PPT 界面设计的 CRAP 原则

CRAP 是罗宾·威廉斯提出的四项基本设计原理，可凝练为 Contrast（对比）、Repetition（重复）、Alignment（对齐）、Proximity（亲密性）4 个基本原则。

下面以"公司主营业务"为主要载体来实践一下界面设计的 CRAP 原则的运用，原 PPT

效果如图 4-37 所示。首先运用"方正粗宋简体（标题） + 微软雅黑（正文）"的字体搭配，效果如图 4-38 所示。

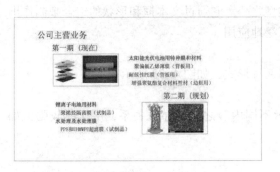

图 4-37 "公司主营业务.pptx"原页面效果

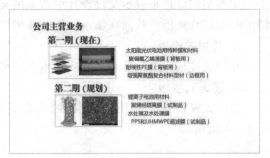

图 4-38 使用"方正粗宋简体 + 微软雅黑"后的效果

下面介绍 CRAP 并运用原则修改这个界面的效果。

1. 亲密性（Proximity）

彼此相关的项应当靠近、归组在一起，如果多个项相互之间存在很近的亲密性，它们就会成为一个视觉单元，而不是多个孤立的元素，这样有助于组织信息，减少混乱。要有意识地注意读者（自己）怎样阅读的，视线怎样移动，有确定的开始和结束。

目的：根本目的是实现组织性，使空白更美观。

实现：微眯眼睛，统计页面元素，如果超过 3～5 个，就归组合并。

注意：不要只因为有空白就把元素放在角落或者中部，避免一个页面上有太多孤立的元素；不要在元素之间孵出同样大小的空白，除非各组同属于一个子集；不属一组的元素之间不要建立关系。

本案优化："公司主营业务.pptx"中主要包含 3 层含义，标题为"公司主营业务"，其下包含了两个内容：第一期产品的图片与介绍和第二期产品的图片与介绍。根据"亲密性"原则，把相关联的信息互相靠近。注意，在调整内容时，标题为"公司主营业务"与"第一期"，以及"第一期"与"第二期"之间的间距要相等，而且间距一定要拉开，让浏览者清楚地感觉到，这个页面分为 3 个部分，页面效果如图 4-39 所示。

2. 对齐（Alignment）

任何元素都不能在页面上随意摆放，因为每个素材都与页面上的另一个元素有某种视觉联系（如并列关系）。用户要呈现出一种清晰、精巧且清爽的外观。

目的：使页面统一而且有条理。

实现：要特别注意元素放在哪里，应当总能在页面上找出与之对齐的元素。

问题：要避免在页面上混合使用多种文本对齐方式，尽量避免居中对齐，除非有意创建一种比较正式稳重的表示。

本案优化：运用"对齐"原则，将"公司主营业务"与"第一期""第二期"内容对齐，将"第一期"与"第二期"中的图片和文字分别做左对齐，将"第一期"中的图片与文字顶端对齐，同样"第二期"中的图片与文字也顶端对齐，最终达到清晰、精巧、清爽的效果，如图 4-40 所示。

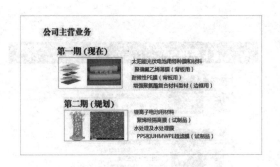
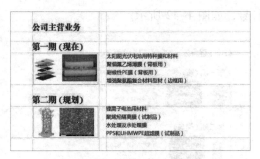

图 4-39　运用"亲密性"原则　　　　　图 4-40　运用"对齐"原则
　　　修改后的效果　　　　　　　　　　　修改后的效果

技巧：在实现对齐的过程中可以使用"视图"菜单下"显示"面板组中的"标尺""网格线""参考线"来辅助对齐，例如图 4-40 中的虚线就是"参考线"。也可以使用"开始"菜单下"绘图"面板组中的"排列"，实现元素的"左对齐""右对齐""左右居中""顶端对齐""底端对齐"以及"上下居中"。此外，还可以通过"横向分布"与"纵向分布"实现各个元素的等间距分布。

3. 重复（Repetition）

"重复"，即让设计中的视觉要素在整个作品中重复出现，可以重复颜色、形状、材质、空间关系、线宽、字体、大小和图片等，从而既可增加条理性，又可加强统一性重复。对于多页文档的设计尤为重要。

目的：统一并增强视觉效果，如果一个作品看起来很有趣，它往往也更易于阅读。

实现：设计时思考如何保持并增强一致性，有没有可能增加一些纯粹为建立重复而设计的元素；创建新的重复元素，来增加设计的效果并提高信息的清晰度。

问题：要避免太多地重复一个元素，注意"对比"。

本案优化：将本例中将"公司主营业务""第一期""第二期"标题文本字体加粗，或者更换颜色；将两张图片左侧添加同样的"橙色"矩形条；将两张图片的边框修改为"橙色"；在"第一期""第二期"同样的位置添加一条虚线；在"第一期""第二期"文本前方添加图标，如图 4-41 所示。通过这些调整将"第一期"与"第二期"的内容更加紧密地联系在了一起，增强了版面的条理性与统一性。

4. 对比（Contrast）

在不同元素之间建立层级结构，让页面元素具有截然不同的字体、颜色、大小、线宽、形状以及空间等，从而增加版面的视觉效果。

目的：增强页面效果，有助于突出对比双方的差异化，突出某一方的优势或劣势。

实现：通过字体选择、线宽、颜色、形状、大小以及空间等来增加对比；对比一定要强烈。

本案优化：将标题文字再次放大；还可以将标题增加色块衬托，更换标题的文字颜色，如修改为白色等。将"第一期"产品中"太阳能光伏电池用特种膜和材料"标题文本加粗，"第二期"产品也同样加粗；将"第一期"产品中"太阳能光伏电池用特种膜和材料"下的系列产品添加"项目符号"，突出层次关系，同样给"第二期"的产品也添加相同的项目符号，如图 4-42 所示。

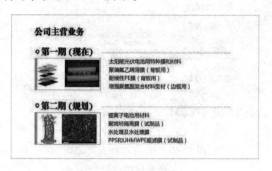
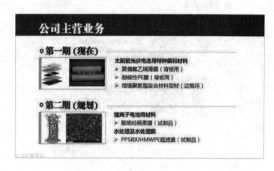

图 4-41　运用"重复"原则修改后的效果　　　图 4-42　运用"对比"原则修改后的效果

4.7.4　文本型 PPT 案例：事业单位工作汇报

1. 页面结构构思

本例仍以第 3 章中"十三五期间学校发展的几个重要问题.docx"的策划与分析为例，初步体验暖色调设计，并采用图形与文本结合的方式来完成本例的构思。整个页面的布局结构如图 4-43 所示。

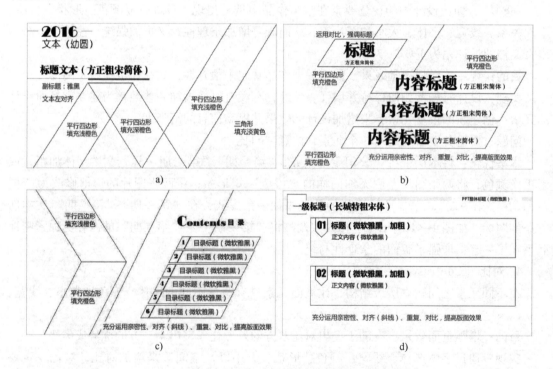

图 4-43　页面结构分析设计

a）封面结构　b）背景结构　c）目录结构　d）内容结构

2. 技术要点

本例的重点是插入形状并编辑，具体步骤如下。

1）单击"插入"选项卡，选择"形状"选项，单击"矩形栏"中的"平行四边形"按钮，如图4-44所示，在页面中拖动鼠标绘制一个平行四边形，如图4-45所示。图4-43a所示的位置绘制第一个平行四边形。

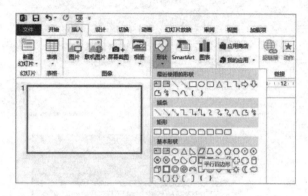

图4-44 插入平行四边形

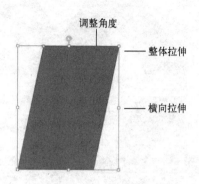

图4-45 插入平行四边形后的效果

2）选择刚绘制的平行四边形，单击鼠标右键，弹出下拉菜单，执行"设置形状格式"命令，弹出"设置形状格式"窗口，如图4-46所示。

3）设置"填充"为"纯色填充"，"颜色"为浅橙色，如图4-47所示。

4）然后在"线条"选项组中，根据需要设置边框的线条，如图4-48所示。

图4-46 右键菜单

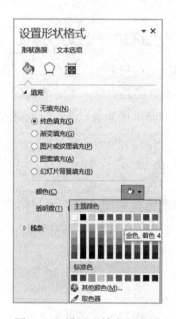

图4-47 设置"填充"选项

图4-48 设置"线条"选项

采用类似的方式绘制图形，具体方法不再赘述。

3. 案例展示

本案例效果如图4-49所示。

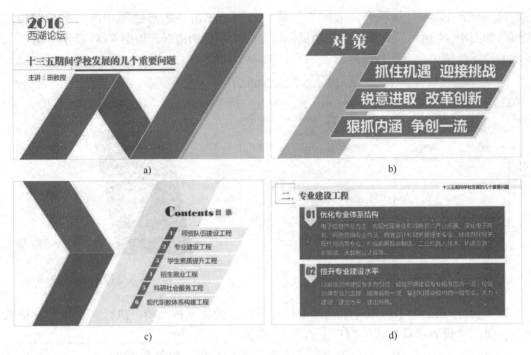

图 4-49　本案例效果

a) 封面　b) 背景　c) 目录　d) 内容

4.7.5　经验：新手制作幻灯片常犯的 10 个错误与对策

在制作 PPT 时，针对不同的情况，有不同的处理方式。下面总结了 10 个新手在设计 PPT 时的典型问题，用户可以对照看看自己是否进入了这些误区，有则改之，无则加勉。注意这些细节，相信在今后的演示之路上能更加如鱼得水。

1. 缺乏逻辑

缺乏逻辑是大多数 PPT 制作的硬伤，一个完美的 PPT，往往围绕着一个主题进行设计，其逻辑顺序是非常重要的。

图 3-26 所示就是本案例清晰的逻辑框架图。整个策划结构清晰，具体包括片头、封面、背景（挑战、机遇、对策）、目录页面、六个方面的问题、尾页。

2. 文字拥挤不堪

图 4-50 所示的 PPT 页面，就辅助演讲而言，文字偏多显得拥挤观众会分散过多的注意力在该幻灯片上，且容易导致视觉疲劳，看不清重点。

对策：精简文字，删除不必要的文字内容，或将页面上的内容分散放在多个页面上，并配上图片。例如，图 4-50 所示中的文字内容可以分散到 3 页 PPT 上，同时也要调整每一段文本的行高，最好在 1.25~1.5 之间。

3. 文字颜色与背景不协调

图 4-50 所示的 PPT 页面，其文字颜色与背景设置是有问题的，文字在背景的衬托下虽然能够看清，但是总觉得有种"违和感"。

对策：将背景色修改为白色，文本颜色修改为红色，加强对比。在设置幻灯片背景时，除非是文字和图片排版需要，否则页面上尽量不要使用渐变效果。修改后的文字效果如图4-51所示。

图4-50　拥挤不堪的文字

图4-51　修改后的文字效果

4. 艺术字使用不当

艺术字若使用得当，能给幻灯片带来艺术化的效果；反之，若使用不当，将会画蛇添足。所以，在设置艺术字时，保证文字的可读性是最重要的。一定要避免使用太多的颜色，图4-52所示的艺术字，其字体就模糊不清晰。

对策：使用艺术字最终的目的是标题清晰，根据情况恰当选择。

5. 图片排列混乱

PPT页面上的图片排列方式应遵循一定的规则，在编排图片时，为了避免使图片看起来凌乱不堪，需要充分考虑图片的大小和所处位置。可以选择尺寸相同的图片，并将它们放在同一水平线上，也可以把画面分成多个部分，分别摆放图片。

对策：图片的大小要统一，排版遵守CRAP原则。修改后的文字效果如图4-53所示。

图4-52　艺术字使用不当

图4-53　修改后的文字效果

6. 图片模糊不清或与主题无关

PPT中最常用JPG格式的图片，这类图片放大超过原始尺寸后会导致画面模糊。在选择图片时，应选择原始尺寸适当的图片，并选用画面清晰的图片。

另外，PPT中的图片并非仅仅作为装饰，如果图片与主题无关，可能会起到反作用。所以，在使用图片时应先深入理解文字内容，再选择相应的图片。

7. 文字五颜六色

在一个幻灯片页面中应保持单一的文字颜色，且整个PPT的文字颜色不要超过3种，若文字颜色过多，会扰乱观众的视觉，使观众分不清重点。例如，幻灯片整体为白底黑字，为了强调关键字，只需要在强调的地方使用红色即可。

8. 模板杂乱

在制作 PPT 时，模板的选择也是非常重要的，尽量不要使用与主题无关或者颜色、样式混乱的模板。通常情况下，可以使用背景简单的模板或者不使用模板。

9. 切换效果眼花缭乱

PPT 提供了较为丰富的路径动画，但使用路径动画往往会导致切换效果过于突出，正所谓"成也萧何，败也萧何"，最终结果就是对幻灯片的播放起到反作用，带给观众华而不实的感觉。所以，通常情况下，若要突出 PPT 中的内容，只需要对重点内容设置夸张的动画效果，其他动画保持"低调"即可。

10. 切换声音使用不当

在一般商务领域，切换声音需慎用（除非制作的是娱乐或类似游戏风格的 PPT，切换声音才是必不可少的）。所以，在 PPT 完成后有顺手添加切换声音习惯的用户要格外注意。

4.8 拓展训练

根据以下内容提炼重点，并根据本单元学习的内容制作全新的 PPT 页面。

标题：微课相关概念

在美国，宾夕法尼亚大学 60 秒系列讲座、美国韦恩州立大学实施的"一分钟学者"活动都是微讲座。其中墨西哥州圣胡安学院（综合性学科大专社区学院）的高级教学设计师、学院在线服务经理戴维·彭罗斯（David Penrose）首次提出了时长一分钟的"微讲座"的理念。他的主要思想是在课程中把教学内容与教学目标紧密地联系起来，以产生一种"更加聚焦的学习体验"。戴维·彭罗斯被人们戏称为"一分钟教授"，他把微讲座称为"知识脉冲"，同时他认为知识脉冲有相应的作业与讨论，就能够达到与长时间授课取得同样的效果。这意味着微讲座不仅用于科普教育，也可以用作课堂教学，这是微视频教学应用的转折点。

依据以上内容，制作完成的页面效果参考如图 4-54 所示。

图 4-54 依据中文字体的使用规则实现效果

a）方案 1 b）方案 2

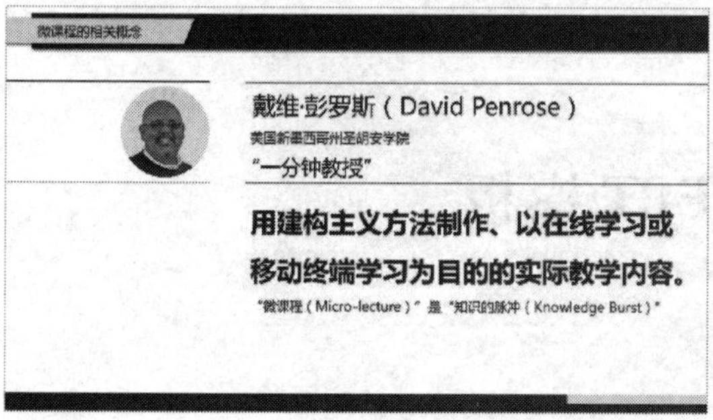
微课程的相关概念
戴维·彭罗斯（David Penrose）
美国新墨西哥州圣胡安学院
“一分钟教授”
用建构主义方法制作、以在线学习或
移动终端学习为目的的实际教学内容。
“微课程（Micro-lecture）”是“知识的脉冲（Knowledge Burst）”

c)

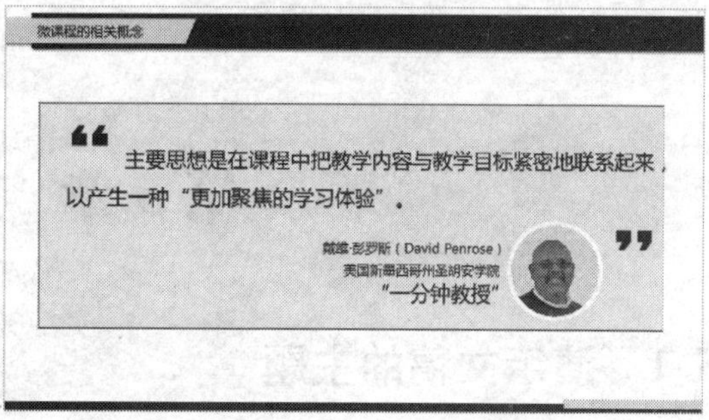
微课程的相关概念
主要思想是在课程中把教学内容与教学目标紧密地联系起来，
以产生一种“更加聚焦的学习体验”。
戴维·彭罗斯（David Penrose）
美国新墨西哥州圣胡安学院
“一分钟教授”

d)

图 4–54　依据中文字体的使用规则实现效果（续）

c）方案 3　d）方案 4

第 5 章　PPT 模板

5.1　演示文稿的主题

演示文稿主题是 PowerPoint 2013 演示文稿进行不同设计的手段，其中设置了演示文稿中的字体、颜色、背景等格式，应用主题功能可以很方便地使演示文稿快速地达到预设的效果，从而简化设置的操作过程。

5.1.1　应用内置的主题

PowerPoint 2013 中提供了主题功能，用户在设置演示文稿时，可以根据自身的需要选择主题，从而为演示文稿中的幻灯片设置统一的效果，下面将详细介绍其操作方法。

1）打开"祯瑜商贸有限公司 – 应用主题 . pptx"演示文稿，选择"设计"选项卡，在"主题"选项组中单击"其他"按钮，如图 5–1 所示。

图 5–1　选择"其他"按钮

2）在展开的"所有主题"列表中，选择准备应用的主题样式，如选择"平面"样式，如图 5–2 所示。

图 5–2　选择"平面"样式

如果将幻灯片主题恢复为默认状态，则选择"设计"选项卡，在"主题"列表框中选择"Office 主题"选项即可。将"平面"主题应用到演示文稿中，如图5-3所示。

a)   b)

图5-3 应用"平面"主题后的页面效果
a）封面效果 b）内容页面的效果

5.1.2　自定义主题样式

对于演示文稿应用的主题效果，用户还可以对其进行自定义设置，如更改主题的颜色、字体效果等，下面将详细介绍自定义主题样式的操作方法。

1. 自定义"颜色"方案

打开"祯瑜商贸有限公司 – 应用主题.pptx"演示文稿，选择"设计"选项卡，在"变体"选项组中单击"其他"按钮，在下拉菜单中单击"颜色"，即可在弹出的列表中选择准备应用的内置颜色，如选择红橙色样式，如图5-4所示，就会看到修改后的颜色方案。

2. 自定义"字体"方案

选择"设计"选项卡，在"变体"选项组中单击"其他"按钮，在下拉菜单中单击"字体"，在弹出的列表中，选择准备应用的内置字体样式，如选择"Arial Black – Arial 微软雅黑 – 黑体"样式，如图5-5所示。

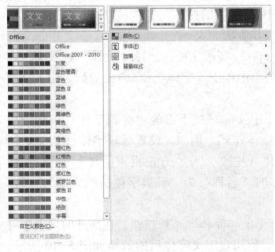

图5-4 选择颜色为
红橙色

图5-5 选择字体为"Arial Black – Arial 微软
雅黑 – 黑体"

3. 自定义"效果"方案

选择"设计"选项卡，在"变体"选项组中单击"其他"按钮，在下拉菜单中单击"效果"，在弹出的列表中，选择准备应用的内置效果，如选择"极端阴影"样式，如图 5-6 所示。

4. 自定义"背景样式"方案

打开"祯瑜商贸有限公司 – 应用主题 . pptx"演示文稿，选择"设计"选项卡，在"变体"选项组中单击"其他"按钮，在下拉菜单中单击"背景样式"，在弹出的列表中，选择准备应用的内置效果，如图 5-7 所示。

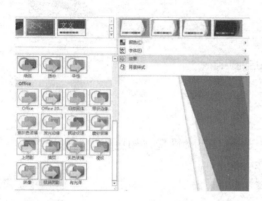 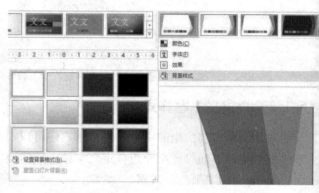

图 5-6　选择"效果"方案为"极端阴影"　　　　图 5-7　选择"背景样式"方案

注意：在应用主题样式时，如果选择了多张幻灯片，则仅为这些幻灯片应用主题。如果在第 1 步中选择了一张幻灯片，则将为整个演示文稿应用所选择的主题。

5.1.3　自定义字体

用户还可以根据需要自定义字体，即对一些常用的主题字体内容进行自定义，并为其指定名称，以方便以后使用。例如在第 4.6.4 节中介绍的几种方案，就可以通过自定义字体，一劳永逸。下面将详细介绍自定义主题字体的操作方法。

1）打开"祯瑜商贸有限公司 – 应用主题 . pptx"演示文稿，选择"设计"选项卡，在"变体"选项组中单击"其他"按钮，在下拉菜单中单击"字体"，在弹出的列表中，选择最后一个"自定义字体"选项。

2）弹出"新建主题字体"对话框，单击"中文"区域下方的"标题字体"下拉列表框按钮，在展开的列表中选择准备新建的主题字体样式。例如，设置标题字体（西文）为"Impact"，正文字体为"Arial"；设置标题字体（中文）为"方正粗宋简体"，正文字体（中文）为"微软雅黑"；设置在新建主题字体的"名称"为"经典字体搭配方案"。单击"保存"按钮，如图 5-8 所示。

3）返回到幻灯片中，单击"设计"选项卡下的"字体"下拉按钮，在展开的列表中可以看到自定义的主题字体内容，如图 5-9 所示。应用自定义字体后的效果如图 5-10 所示，可以与图 5-3 进行比较。

图 5-8 "新建主题字体"对话框

图 5-9 新建的主题字体

a) b)

图 5-10 选择"经典字体搭配方案"样式后的页面效果

a) 封面效果 b) 内容页面效果

5.2 幻灯片背景

背景是应用于整个幻灯片（或幻灯片母版）的颜色、纹理、图案或图片，其他一切内容都位于背景之上。按照准确的定义，它应用于幻灯片的整个表面，不可以使用局部背景，但可以使用覆盖在背景之上的背景图形。背景图形是一种放置在幻灯片母版上的图形图像，本节将详细介绍在演示文稿中设置背景方面的相关知识。

5.2.1 应用纯色填充背景

在编辑幻灯片时，用户可以根据需要自行设置背景样式，在自定义背景样式时，用户可以设置幻灯片背景纯色填充的效果，下面将详细介绍应用纯色填充背景的操作方法。

1）打开"祯瑜商贸有限公司 - 背景设置 . pptx"演示文稿，选择"设计"选项卡，在"自定义"选项组中单击"设置背景格式"按钮，如图 5-11 所示，打开"设置背景格式"对话框。

2）在展开的"内置背景样式"列表框中选择"设置背景格式"选项，弹出"设置背景格式"面板，在"填充"选项卡中选择"纯色填充"，单击"颜色"下拉按钮，在展开的列表框中选择准备应用的纯色，如浅绿色，如图 5-12 所示。

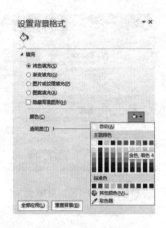

图 5-11　单击"设置背景格式"按钮　　　图 5-12　设置"纯色填充"

3）设置颜色后，在图 5-12 所示的界面中还可以拖动"透明度"滑块设置相关参数。单击"全部应用"按钮，所有页面都使用相关背景。

5.2.2　应用渐变填充背景

纯色填充幻灯片背景会显得色彩较为单调，将演示文稿设计成渐变填充背景，会给人带来一种轻松、时尚的感觉。操作方法是：单击图 5-12 中所示界面的"渐变填充"单选按钮，打开"渐变填充"的相关参数设置，如图 5-13 所示，用户可自行设置。

5.2.3　应用图片背景

幻灯片的背景不仅可以使用渐变填充，还可以使用图片进行填充，使幻灯片变得丰富多彩，操作方法是：单击图 5-12 所示界面中的"图片或纹理填充"单选按钮，即可打开"图片或纹理填充"的相关参数设置，如图 5-14 所示，用户自行设置即可。

图 5-13　设置"渐变填充"　　　　图 5-14　设置"图片或纹理填充"

5.3 幻灯片母版

幻灯片母版是存储关于模板信息的设计模板，它用于设置幻灯片的样式，可供用户设定各种标题文字、背景、属性等。用户只需更改一项内容就可更改所有幻灯片的设计，下面将详细介绍幻灯片母版方面的知识。

5.3.1 认识母版

幻灯片母版主要用于对演示文稿的统一设置。在 PowerPoint 2013 中提供了多种样式的母版，包括主版式、封面版式、转场版式、内容版式及封底版式等，母版主要由标题占位符、幻灯片区域、日期区域、页脚区域和数字区域等组成，如图 5-15 所示。

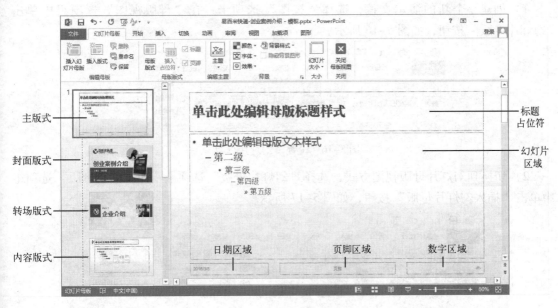

图 5-15　母版界面

> 标题占位符：添加标题，设置标题文本格式。
> 幻灯片区域：添加文本，设置文本样式。
> 日期区域：输入日期，设置日期样式。
> 页脚区域：输入页脚内容，设置页脚格式。
> 数字区域：输入数字，设置数字样式。

5.3.2 母版的类型

在 PowerPoint 2013 中母版分为 3 种类型，即幻灯片母版、讲义母版和备注母版，下面分别介绍各母版的功能。

幻灯片母版：用于定义演示文稿中页面格式的模板，幻灯片母版包括文本、图片或图表在演示文稿中的位置、文本的字形和字号、文本颜色、动画和效果等。

讲义母版：用于控制幻灯片以讲义形式打印的格式，可增加页码、页眉和页脚等，也可在"讲义母版"工具栏选择在一页中打印几张幻灯片。

备注母版：用于控制备注使用的空间以及设置备注幻灯片的格式。

5.4 案例：编辑幻灯片母版

幻灯片母版是模板的一部分，它存储的信息包括文本和对象在幻灯片上的放置位置、文本和对象占位符的大小、文本样式、背景、颜色主题、效果和动画等。

5.4.1 插入幻灯片母版

在准备编辑幻灯片模板之前，需要先插入幻灯片母版，操作方法如下：

1）创建一个新的演示文稿，选择"视图"选项卡，在"母版视图"选项组中单击"幻灯片母版"按钮，如图 5-16 所示。

图 5-16　设置"幻灯片母版"

2）切换到幻灯片母版视图方式，选择"幻灯片母版"选项卡，在"编辑母版"选项组中单击"插入幻灯片母版"按钮，如图 5-17 所示。

图 5-17　单击"插入幻灯片母版"按钮

3）在演示文稿中，用户可以看到已经插入了幻灯片母版，通过上述操作即可完成插入幻灯片母版的操作，如图 5-18 所示。

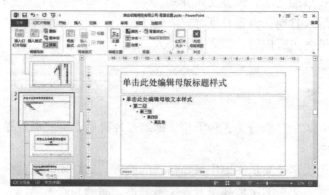

图 5-18　插入幻灯片母版

5.4.2 删除幻灯片母版

对于不再需要的母版或版式，应该将其进行删除，以便于母版的管理与维护，删除幻灯片母版的操作方法如下：

打开演示文稿，选择准备删除的母版，选择"幻灯片母版"选项卡，在"编辑母版"选项组中单击"删除幻灯片"按钮，如图5-19所示。

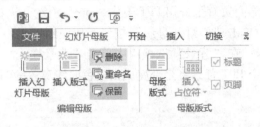

图5-19 删除幻灯片母版

用户可以看到选择的幻灯片母版已被删除，通过上述操作即可完成删除幻灯片母版的操作。

5.4.3 重命名幻灯片母版

为了通过名称来分辨不同的母版或版式，需要对其进行重命名，操作方法如下：

1）打开演示文稿，用鼠标右键单击需要重命名的母版，在弹出的菜单中选择"重命名母版"命令。

2）弹出"重命名版式"对话框，在"版式名称"文本框中输入新的名称，单击"重命名"按钮。

3）返回幻灯片母版视图，将鼠标指针移动到刚刚重命名的幻灯片上，用户可以看到新的名称，这样即可重命名幻灯片母版。

5.4.4 复制幻灯片母版

用户可以直接复制幻灯片母版，并对其进行修改，当然也可快速创建布局格式类似的母版或版式。复制幻灯片母版的操作方法如下：

在左侧列表中，用鼠标右键单击要复制的母版，在弹出的菜单中选择"复制幻灯片母版"命令，即可在列表中复制出一模一样的母版。

5.4.5 保留幻灯片母版

除了自行创建的幻灯片母版以外，其他母版都是临时的，幻灯片母版按需创建和删除，作为带有各种主题的格式幻灯片。要锁定一个幻灯片母版，使之不会在没有任何幻灯片使用它时消失，用户可以用鼠标右键单击该幻灯片母版，在弹出的快捷菜单中选择"保留母版"命令，即可保留幻灯片母版。

5.5 案例：祯瑜商贸有限公司 PPT 美化

在幻灯片中插入母版后，用户可以对插入的幻灯片母版进行美化处理，例如设置母版背景样式，设置母版文本，设置母版项目符号和编号，设置日期、编号和页眉页脚等。下面将详细介绍美化幻灯片母版的相关知识及操作方法。

5.5.1　设置母版背景样式

在 PowerPoint 2013 中，用户可以对幻灯片母版进行背景设置，使幻灯片更加美观，下面设置母版背景的操作方法如下：

1）打开"案例：祯瑜商贸有限公司 PPT 美化 . pptx"演示文稿，选择"视图"选项卡，在"母版视图"选项组中单击"幻灯片母版"按钮，切换到"幻灯片母版"视图方式。选择"幻灯片母版"选项卡，在"背景"选项组中单击"背景样式"下拉按钮，选择"样式9"，如图 5-20 所示，整个 PPT 背景将全部变成由白色向浅灰色的渐变背景。

图 5-20　选择背景样式

此时，用户可以看到演示文稿中的所有幻灯片母版都应用了选择的背景样式，这样即可完成设置母版背景样式的操作，如图 5-21 所示。

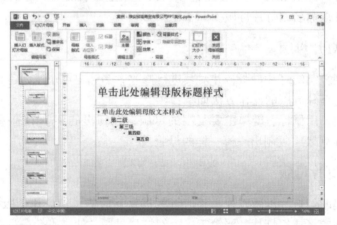

图 5-21　母版设置背景样式后的效果

2）在图 5-21 所示的界面中，在幻灯片编辑窗口单击鼠标右键，执行"设置背景格式"命令，在右侧的"设置背景格式"窗口中选中"图片与纹理填充"，如图 5-14 所示，单击"文件"按钮，弹出"插入图片"对话框，选择素材文件夹下的"背景图 . png"，单击"插入"按钮，这样即可完成设置标题页背景样式的操作，效果如图 5-22 所示。

图 5-22　母版设置背景图片后的效果

5.5.2　设置母版文本

用户可以根据幻灯片版式的需要，对母版中的文本进行美化，在 PowerPoint 2013 中内置了很多主题格式用于美化文本。

1）打开"案例：祯瑜商贸有限公司 PPT 美化 . pptx"演示文稿，选择"视图"选项卡，在"母版视图"选项组中，单击"幻灯片母版"按钮，切换到"幻灯片母版"视图方式。选择"幻灯片母版"选项卡，在"背景"选项组中单击"字体"下拉按钮，选择"经典字体搭配方案"（图 5-8 中定义的字体主题），如图 5-23 所示。

图 5-23　设置母版文本字体

2）选择模板中的"标题幻灯片"，单击"标题占位符"，调整标题的位置，设置其样式，效果如图 5-24 所示。

3）选择模板中的"标题与内容版式"，单击"标题占位符"，调整标题的位置，设置其样式，效果如图 5-25 所示。

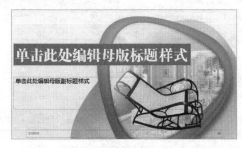

图 5-24　设置"标题幻灯片"文字样式

图5-25　设置"标题与内容版式"文字样式

4）关闭"模板视图"，制作其他 PPT 即可。

5.5.3　设置母版项目符号和编号

设置项目编号是指在标题前添加符号，以便对标题进行分隔；编号是指在对有顺序的标题进行编号，设置母版项目符号和编号的操作方法如下：

打开"案例：祯瑜商贸有限公司 PPT 美化.pptx"演示文稿，选中准备设置项目符号的文本，选择"开始"选项卡，在"段落"选项组中单击"项目符号"下拉按钮，在弹出的列表框中选择准备添加的项目符号，如图 5-26 所示。通过上述操作即可完成母版项目符号的设置。设置母版项目符号的占位符效果如图 5-27 所示。

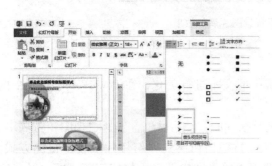

图 5-26　设置母版项目符号　　　　　　图 5-27　设置母版项目符号的占位符效果

设置母版项目编号与设置母版项目符号方法类似，不再赘述。

5.5.4　设置日期、编号和页眉页脚

在幻灯片母版的日期区域、数字区域和页脚区域可以分别对日期、编号和页眉页脚进行相关的设置，从而使幻灯片母版的信息更为详细，下面介绍相关操作方法。

打开"案例：祯瑜商贸有限公司 PPT 美化.pptx"演示文稿，选中日期区域，选择"插入"选项卡，在"文本"选项组中单击"页眉和页脚"按钮，如图 5-28 所示。

弹出"页眉和页脚"对话框，选中"日期和时间"复选框和"幻灯片编号"复选框，并选中"页脚"复选框，输入"淮安祯瑜商贸有限公司"，单击"全部应用"按钮，如图 5-29 所示。在幻灯片母版中，用户可以看到日期、幻灯片编号、页脚已经发生了改变。

图 5-28　插入"页眉和页脚"按钮　　　　　图 5-29　单击"全部应用"按钮

5.5.5 案例效果展示

退出母版模板视图后，从封面开始，逐页制作"祯瑜商贸有限公司"的企业介绍PPT，实现的页面效果如图5-30所示。

图5-30 案例最终实现效果
a）封面 b）企业介绍 c）产品介绍 d）封底

5.6 案例：易百米快递——创业案例介绍

模板对PPT来讲就是它的外包装，要制作适合企业的PPT，就要完成一个包括页面设置、主题版式、主题颜色（配色方案）和主题字体（字体方案）的相关设计。对于一个PPT的模板而言至少需要3个子版式：封面版式、转场版式与内容版式。封面版式主要用于PPT的封面，转场版式主要用于章节封面，内容版式主要用于PPT的内容页面。其中封面版式与内容版式一般都是必需的，而较短的PPT可以不设计专场页面。

5.6.1 案例1：封面设计

封面设计是浏览者第一眼看的PPT的页面，直击观众的第一印象。通常情况下，封面页主要起到突出主题的作用，具体包括标题、作者、公司、时间等信息，不必过于花哨。

关于PPT的封面设计主要包括文本型和图文并茂型。

1. 文本型

如果没有搜索到合适的图片，仅仅通过文字的排版也可以制作出效果不错的封面，为了防止页面的单调，可以使用渐变色作为封面的背景，如图5-31所示。

图 5-31 文本型封面（1）

a）单色背景 b）渐变色背景

除了文本，也可以使用色块来做衬托，凸显标题内容，注意在色块交接处使用线条调和界面，这样能使界面更加协调，如图 5-32 所示。

图 5-32 文本型封面（2）

a）色块作为背景 b）彩色条分割

通常也可以使用不规则图形来打破静态的布局，获得动感，如图 5-33 所示。

图 5-33 文本型封面（3）

a）不规则色块结合 1 b）不规则色块结合 2

2. 图文并茂型

图片的运用，能使界面更加清晰，例如使用小图能使画面比较聚焦，引起观众的注意。当然，图片的使用一定要切题，这样能迅速抓住观众，突出汇报的重点，如图 5-34 所示。

图 5-34　图文并茂型封面（1）

a）小图与文本的搭配 1　b）小图与文本的搭配 2

也可以使用半图的方式来制作封面，具体方法是把一张大图裁切，大图能够带来不错的视觉冲击力，因此没有必要使用复杂的图形装点页面。如图 5-35 所示。用户还可以结合曲线修改出其他的版式。

图 5-35　图文并茂型封面（2）

a）半图 PPT 的效果 1　b）半图 PPT 的效果 2　c）半图 PPT 的效果 3　d）半图 PPT 的效果 4

借助全图，还可制作全图型封面。全图封面就是将图片铺满整个页面，然后把文本放置到图片上，重点是突出文本。可以采用的方法有：

➢ 修改图片的亮度，局部虚化图片。

➢ 在图片上添加半透明或者不透明的形状作为背景，衬托使文字更加清晰。

依据以上提供的方法，制作的全图 PPT 封面如图 5-36 所示。

用户还可以整合几种方法与思路，制作的封面效果如图 5-37 所示。

a)   b)

c)   d)

图 5-36　图文并茂型封面（3）

a）全图 PPT 的效果 1　b）全图 PPT 的效果 2　c）全图 PPT 的效果 3　d）全图 PPT 的效果 4

图 5-37　图文并茂型 PPT 封面

5.6.2　案例 2：导航页面设计

PPT 导航系统的作用是展示演示的进度，使观众能清晰把握整个 PPT 的脉络，使演示者能清晰把握整个汇报的节奏。对于较短的 PPT 来讲，可以不设置导航系统，但认真设计内容是很重要的，要使整个演示的节奏紧凑、脉络清晰。对于较长的 PPT，设计逻辑结构清晰的导航系统是很有必要的。

通常 PPT 的导航系统主要包括：目录页、转场页，此外，还可以设计页码与进度条。

1. 目录页

PPT 目录页的设计目的是让观众全面清晰地了解整个 PPT 的架构。因此，好的 PPT 就是要一目了然地将架构呈现出来。实现这一目的核心就是将目录内容与逻辑图示实现高度融合。

传统的目录设计主要运用图形与文字的组合，如图5-38所示。

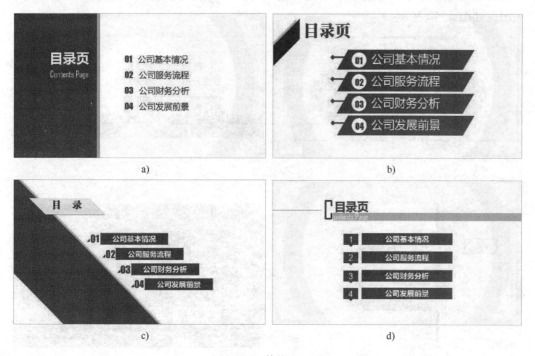

图5-38　传统型目录

a）图形与文本组合1　b）图形与文本组合2　c）图形与文本组合3　d）图形与文本组合4

图文混合型的目录，主要采用一幅图片配合一行文本，如图5-39所示。

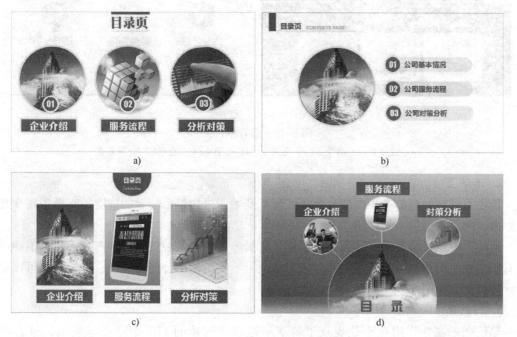

图5-39　图文混合型目录

a）图片与文字组合1　b）图片与文字组合2　c）图片与文字组合3　d）图片与文字组合4

综合型目录要充分考虑整个 PPT 的风格与特点，将页面、色块、图片及图形等元素综合应用，如图 5-40 所示。

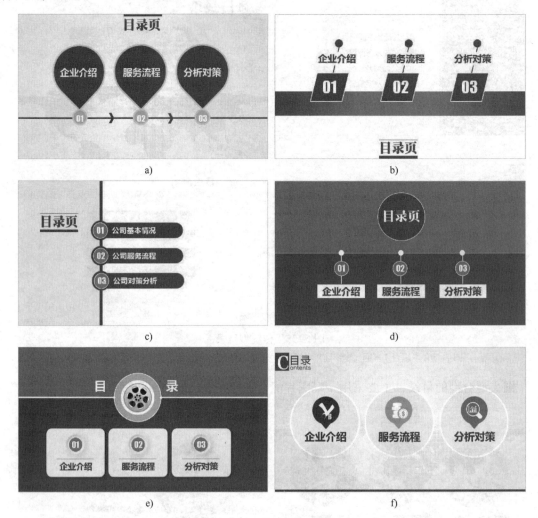

图 5-40　综合型目录
a）效果 1　b）效果 2　c）效果 3　d）效果 4　e）效果 5　f）效果 6

2. 转场页

转场页的核心目的在于提醒观众新的篇章开始，告知整个演示的进度，有助于观众集中注意力，起到承上启下的作用。

转场页要尽量与目录页在颜色、字体、布局等方面保持一致，局部布局或颜色饱和度可以有所变化。例如，当前演示的部分使用彩色，不演示的部分使用灰色，当然，也可以单独设计转场页。如图 5-41 所示。

3. 导航条

导航条的主要作用在于让观众了解演示进度。较短的 PPT 不需要导航条，只有在较长的PPT 演示时需要导航条。导航条的设计非常灵活，可以放在页面的顶部、底部或两侧。

图 5-41　转场页设计

a) 标题文字颜色区分　b) 图片色彩的区分　c) 单独页面设计 1　d) 单独页面设计 2

在表达方式方面，导航条可以使用文本、数字或者图片等元素表达，导航条的页面设计效果如图 5-42 所示。

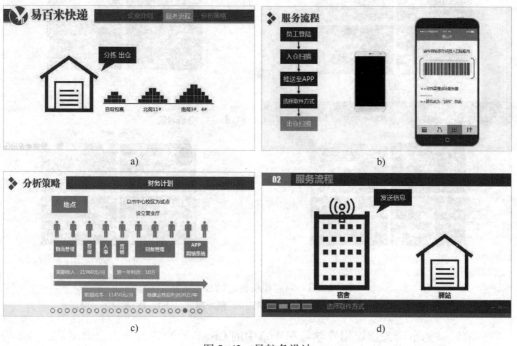

图 5-42　导航条设计

a) 文本颜色衬托导航　b) 左侧颜色衬托导航　c) 底部圆点导航　d) 底部方框导航

5.6.3 案例3：内容页设计

内容的结构包括标题与正文两部分。标题栏是展示 PPT 标题的地方，标题表达信息更快、更准确。内容页的模板，标题一般放在固定的、醒目的位置，这样显得更加严谨。

标题栏一定要简约、大气，最好能够具有设计感或商务风格，标题栏上相同级别标题的字体和位置要保持一致。依据用户的浏览习惯，大多数的标题都放在屏幕的上方。

标题的常规表示方法包括图标提示、点式、线式、图形以及图片图形混合等，如图 5-43 所示。

图 5-43　内容模板标题的表示方法
a）图标提示　b）点式　c）线式　d）图形　e）图片图形混合 1　f）图片图形混合 2

对内容区域的布局，建议用户学习第 4 章中的 CRAP 原则进行排版，多浏览、多学习一些优秀的作品，总结经验。

5.6.4 案例4：封底设计

封底通常用来表达感谢和保留作者信息，为了保持PPT在整体风格统一，设计与制作封底是有必要的。

封底的设计要和封面保持风格一致，尤其是在颜色、字体、布局等方面。封底使用的图片也要与PPT主题保持一致。如果觉得设计封底太麻烦，可以在封面的基础上进行修改。封底的页面设计效果如图5-44所示。

图5-44　封底的页面设计效果

a）效果1　b）效果2　c）效果3　d）效果4

5.7　拓展训练

江苏食品药品职业技术学院于春玲老师要申请淮安市社科联的一个研究课题，项目标题为"淮安市公众参与生态文明建设利益导向机制的探究"，具体申报内容分为课题综述、目前现状、研究目标、研究过程、研究结论、参考文献等几个方面。现根据需求设计适合项目申报汇报的PPT模板。

依据项目需要设计的参考效果如图5-45所示。

图 5-45　项目申报模板设计效果

a）封面　b）目录　c）转场页 1　d）内容 1　e）转场页 2　f）封底

第6章 PPT 图像

6.1 图像的作用与分类

6.1.1 PPT中图像的作用

PPT 本身是技术与艺术的整合，图片作为重要的元素不可少，图片主要有以下作用。

1. 用作背景

图像主要用作 PPT 的模板或者首页界面，起到美化界面作用，从而使整个界面符合人们的视觉心理，画面效果优美，显示出整个 PPT 界面的艺术性特征。

2. 用作边角修饰

边角修饰作用可以增加 PPT 的整体美感，通过局部艺术性画面，增加了 PPT 的活跃性，打破了 PPT 边框的约束，给人带来轻松的感觉，同时还能呈现出新颖的富含创意的艺术界面效果。

3. 用作图标

图标主要是指作按钮或导航图标，通过技术性的加工，能够使按钮与导航图标的作用一目了然、清晰简捷，图标自身富有质感和美感，实用性强，能够体现图标交互性的特征作用。

4. 传载信息

PPT 中的图像除了用于界面设计外，最重要的就是传递和承载相关信息。

6.1.2 PPT中常用的图片类型

1. JPG

JPG 是一种高压缩比、有损压缩真彩色的图像文件格式，其最大特点是文件比较小，可以进行高倍率的压缩，因而在注重文件的大小的领域应用广泛，PPT 中的背景图片和素材图片大多数都是 JPG 格式的图片，注意以下几个问题。

1）保证图片的清晰度，杜绝模糊的图片。清晰的图像如图 6-1 所示。

 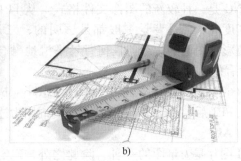

a)   b)

图 6-1 高清质量的 JPG 图片效果

a）高清的风景类 JPG 图片 b）高清的绘制工具图

2）要有一定的光感。明亮的光、明显的影和清晰的层次感，给予 PPT 以"通透"之感，如图 6-2 所示。

 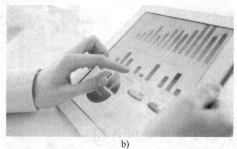

a)   b)

图 6-2　具有一定光感的 JPG 图片效果

a）富有时代感的商务图片　b）平板电脑上的业绩报告

3）图片要有创意。创意是让人过目不忘的根本，创意的表现有巧妙、幽默、新奇的感觉，如图 6-3 所示。

 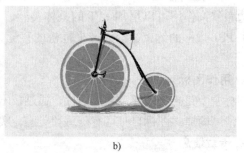

a)   b)

图 6-3　具有创意的 JPG 图片效果

a）商务金融创意设计　b）创意脐橙自行车

2. GIF

GIF 格式也是一种非常通用的图像格式，由于最多只能保存 256 种颜色，因此，GIF 格式保存的文件不会占用太多的磁盘空间。同时，一张 GIF 图片中能够插入多幅图像，可以用来制作简单的动画。

3. PNG

PNG 是一种较新的图像文件格式。从 PPT 应用的角度看，PNG 格式有 3 个特点：一是清晰度高；二是背景一般都是透明的；三是文件较小。充分利用它支持透明的效果，可以使彩色图像的边缘与任何背景平滑地融合，从而彻底地消除锯齿边缘。这种功能是 JPG 没有的。

图 6-4a 所示为 PNG 格式的图片，图 6-4b 所示为 JPG 格式的背景图像，将两幅图像透视插入 PPT 后，由于图 6-4a 所示车的周围为透明，从而呈现的结果如图 6-4c 所示。

4. AI

AI 图片是矢量图的一种，除此之外，EPS、WMF、CDR 等格式的图片也是矢量图片。矢量图片的基本特征是可以任意放大或缩小，但不影响效果，所以在印刷业使用广泛。图 6-5 所示就是 AI 格式图像在放大前后的效果。

图 6-4　PNG 图片素材

a）汽车的 PNG 图像　b）背景 JPG 图像　c）PNG 图片放置到 JPG 图像之上的效果

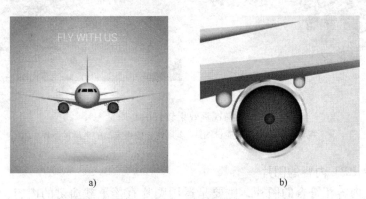

图 6-5　AI 格式的图片

a）AI 格式原图　b）AI 格式放大后的局部效果

6.1.3　PPT 中图片的挑选方法

制作 PPT 时，不同类型的图片给人的感觉是不一样的，如何从琳琅满目的图片库中选出适合的图片是需要花费时间和耐力的。下面从图片质量、图片的内容以及图片风格 3 个方面讲解一下如何挑选图片的方法与技巧。

1. 挑选高清晰度的图片

高质量的图片像素通常较高，色彩搭配比较醒目，明暗关系对比强烈，细节比较细腻，插入这样的图片会提升 PPT 的精致感。图 6-6 所示为低质量图片与高质量图片的对比。

图 6-6　高质量与低质量图片的对比

a）低质量的图片　b）高质量的图片

很多时候需要高质量的图片来打动观众，尽量选择视觉冲击力强、感染力强的高质量图片。例如，图6-7a中的立体团队能表达出团队惊人的重要性，但是小人形象呆板，不能很好地表达主图，而图6-7b是用了团队真实合作抱拳的图像，具有更强的视觉冲击力。

a）　　　　　　　　　　　　　　b）

图6-7　选择视觉效果较好的高质量图片

a）视觉效果一般的高质量图片　b）视觉效果突出的高质量图片

2. 挑选符合PPT内容的图片

挑选与PPT内容相符合的图片，主要是运用图片直接承载演讲的内容；运用图片比喻或者暗喻演说的内容；运用图片渲染特定的气氛、情绪，提升PPT的整体效果，表达演说者的情绪，从而说服观众。图6-8所示为渲染城市快速发展的气氛，图6-9所示为渲染了茶道氛围。

图6-8　渲染了城市高速发展的氛围　　　　　图6-9　渲染了茶道氛围

3. 挑选适合风格的图片

图片除了要足够清晰，与内容很契合之外，还要注意图片的风格与PPT的整体风格是否相符。这里把图片分为严肃正规、幽默风趣、诗情画意及另类创意4种风格。

严肃正规风格的图片是经过精心安排、设计的图片，其真实感强，细节丰富，光影变化细腻，能够增强PPT的可信度与商务感。图6-10所示为严肃正规的图片。

幽默风趣风格的图片中包含夸张的表情、不可思议的动作，能增强PPT的趣味性，吸引观众的眼球，体现演说者与众不同的人生态度。图6-11所示为幽默风趣风格的图片。

图 6-10 严肃正规风格的图片   图 6-11 幽默风趣风格的图片

诗情画意风格的图片没有明确的主题，但是画面能带给观众轻柔或浪漫的感觉。图 6-12 所示为诗情画意风格的图片。

另类创意风格的图片，通常是以一种与众不同的角度去看待事物而创作的图片。不同于写实的照片，另类创意图片可以是实拍的照片或者是计算机绘制的图案，也可以是后期合成的图像。图 6-13 所示为另类创意风格的图片。

图 6-12 诗情画意风格的图片   图 6-13 另类创意风格的图片

6.2 使用图片

在 PowerPoint 2013 中，可通过插入图片的方法来增加幻灯片的表现力。其中，利用图片装饰幻灯片，不仅可以使幻灯片具有图文并茂的视觉效果，而且还可以形象地表现幻灯片的主题与思想。

6.2.1 插入图片与调整

1. 插入图片

在 PowerPoint 中插入图片，可以通过各种来源插入，如通过 Internet 下载的图片、利用扫描仪和数码相机输入的图片等。一般情况下，用户可插入图片的方法如下。

单击"插入"选项卡下的"图片"按钮，如图 6-14 所示，弹出"插入图片"对话框。在该对话框中，选择素材文件夹下的"城市风景 .jpg"，单击"插入"按钮即可，如图 6-15 所示。

图 6-14　"图片"按钮

图 6-15　插入图片后的效果

2. 图片的大小调整

图片插入后，还可以对图片的大小进行调整，选择图片，此时图片四周将会出现 8 个控制点，将鼠标置于控制点上，当光标变成"双向箭头"形状时，拖动鼠标即可。

3. 图片的移动

如果想移动图片，则可以选择图片，将鼠标放置于图片中，当光标变成四向箭头时，拖动图片至合适位置，松开鼠标即可。

4. 调整对比度与亮度

在插入图片后，为了使图文更加美观，可以针对图片的亮度、对比度、着色等进行设置，从而使图片符合幻灯片的配色需求。

更正图片效果的方法是：选择图片，单击"格式"选项卡下的"更正"按钮，并在其列表中选择相应的亮度和对比度选项，如图 6-16 所示。

另外，执行"更正"→"图片更正选项"，如图 6-16 所示，在"设置图片格式"面板下的"图片更正"选项组中，可根据具体情况调整相应的数值，如图 6-17 所示。

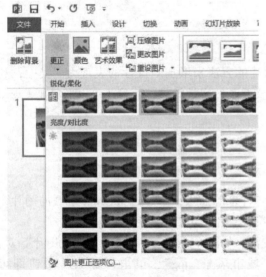

图 6-16　"更正"面板

图 6-17　"图片更正"选项组

5. 设置图片颜色

设置图片颜色的方法是：选择图片，单击"格式"→"调整"→"颜色"按钮，在其列表中选择相应的选项即可，如图6-18所示。

另外，执行"颜色"→"图片颜色选项"，如图6-18所示，在"设置图片格式"面板下的"图片颜色"选项组中，可根据具体情况调整相应的数值，如图6-19所示。

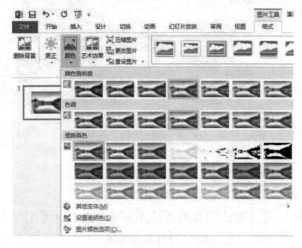
图6-18 "颜色"面板

图6-19 "图片颜色"选项组

6. 设置图片的艺术效果

设置图片的艺术效果的方法是：选择图片，单击"格式"→"调整"→"艺术效果"按钮，在其列表中选择相应的选项即可。

7. 调整图片的排列方式、对齐与旋转

当用户在幻灯片中放置多个图片时，需要调整图片的位置及排列方式，或者展现幻灯片的多样性，为充分体现图片的层次感，还需要调整图片的显示方向。

幻灯片中存放多个图片时，如果调整图片的显示层次，只需要选择其中的一个图片，执行"格式"→"排列"→"上移一层"/"下移一层"命令，即可完成图片层次调整。同样，多个图片如果需要对齐，执行"格式"→"排列"→"对齐"命令，完成图片所需的对齐方式。图片的旋转也类似，在此不做赘述。

6.2.2 设置图片的样式

PowerPoint 2013为用户提供了28种图片内置样式。单击"格式"→"图片样式"→"其他"按钮，如图6-20所示，可以浏览所有的图片样式效果。

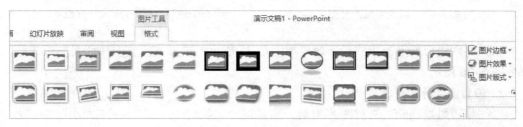
图6-20 "格式"选项卡

以"城市风景．jpg"素材图片为例，选择"棱台透视"样式后，效果如图6-21所示，选择"旋转，白色"样式后，效果如图6-22所示。

图6-21 "棱台透视"样式　　　　　　　　图6-22 "旋转，白色"样式

6.2.3 设置版式与形式

除了设置图片的样式之外，用户还可以通过更改图片的版式来显示图片的可塑性。另外，还可以根据 PowerPoint 2013 自带的裁剪功能，更改图片的外观形状。

1. 设置图片的版式

插入4幅图片，如图6-23所示，然后选择图片，执行"格式"→"图片样式"→"图片版式"命令，在其列表中选择一种选项，如图6-24所示。

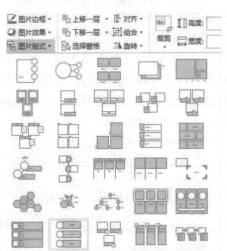

图6-23 插入4幅素材图片　　　　　　　图6-24 "图片版式"面板

选择"六边形群集"版式后，效果如图6-25所示，选择"垂直图片列表"版式后，效果如图6-26所示。

2. 设置图片外观形状

以"城市风景．jpg"素材图片为例，选择图片，执行"格式"→"大小"→"裁剪"命令，在其列表中选择一种选项，即可裁剪所需的形状。

图6-25 "六边形群集"版式

图6-26 "垂直图片列表"版式

6.3 图片效果的应用技巧

PPT有强大的图片处理功能，下面介绍一些常用的图片处理功能。

1. 设置图片相框效果

PPT在图片样式中提供了一些精美的相框，如图6-20所示。直接利用PPT样式制作的边框会使图片变得模糊，而且可选择性不大，在此使用自定义相框会使图片的效果更理想。具体方法如下：

打开PowerPoint 2013，插入素材图片"晨曦.jpg"，用鼠标双击图像，然后设置图片边框颜色为白色，边框粗细为6磅，设置"图片效果"中的"阴影"效果为"居中偏移"，如图6-27所示，复制图片并进行移动与旋转，效果如图6-28所示。

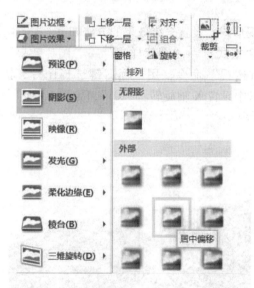

图6-27 设置"阴影"效果为"居中偏移"

图6-28 相框效果

2. 设置图片映像效果

运用图片的映像效果，可以使图片更加立体化，给人更加强烈的视觉冲击。设置图片映像效果的方法如下：

选中图片（素材"化妆品.jpg"）后，执行"格式"→"图片样式"→"图片效果"→"映像"命令，然后选择合适的映像效果（如"紧密映像，4pt偏移量"），如图6-29所示，并设置恰当的距离，效果如图 6-30 所示。

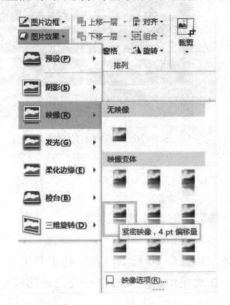

图 6-29　设置映像效果为"紧密映像，4pt 偏移量"　　　　图 6-30　映像效果

　　用户可以用鼠标右键单击图片，在弹出的快捷菜单中选择"设置图片格式"命令，在"设置图片格式"窗格中对映像的透明度、大小等细节进行设置。

3. 设置三维效果

　　图片的三维效果是图片立体化最突出的表现形式。设置三维效果的方法如下：

　　选中图片（素材"啤酒.jpg"）后，执行"格式"→"图片样式"→"图片效果"→"三维旋转"命令，选择"透视"下方的"右透视"命令，用鼠标右键选择图片，执行"设置图片格式"命令，在"三维旋转"选项卡中设置 X 轴旋转"320°"，如图 6-31 所示，最后，设置映像效果，最终的效果如图 6-32 所示。

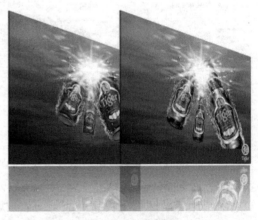

图 6-31　"设置图片格式"对话框　　　　　　图 6-32　三维效果

三维效果为 PPT 演示带来了革命性变化，但并非越立体越好，使用时应注意不可喧宾夺主。有的 PPT 使用大量的修饰性图片，如果这些修饰性画面全用立体效果，反而冲淡了主题。一般认为，简洁的背景更加适合用立体效果。

4. 利用裁剪功能实现个性形状

在 PPT 中插入图片的形状一般是矩形，通过裁剪功能可以将图片更换成任意的形状，以适应多图排版。利用裁剪功能实现个性形状的方法如下。

用鼠标双击图片（素材"晨曦.jpg"），单击"裁剪"按钮，设置"纵横比"的比例为"1∶1"，调整位置，可以将素材裁剪为正方形。

执行"格式"→"大小"→"裁剪"→"裁剪为形状"命令，选择"泪滴形"，如图 6-33 所示，裁剪后的效果如图 6-34 所示。

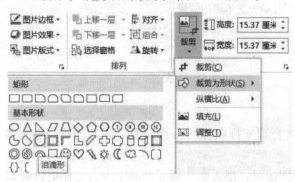

图 6-33　设置裁剪形状为"泪滴形"　　　　　图 6-34　裁剪后的效果

5. 形状的图片填充

有些形状没有列在形状列表中，此时可以先绘制图形，然后再进行填充图片的方式来实现。需要注意的是，绘制的图形和将要填充图片的长宽比务必保持一致，否则会导致图片扭曲变形，从而影响美观。选择图形，并单击鼠标右键，在"设置图片格式"窗格的"填充"选项中，选中"图片或纹理填充"，在"插入图片来自"下方，单击"文件"按钮，选择要插入的图片即可，如图 6-35 所示。图片填充后的效果如图 6-36 所示。

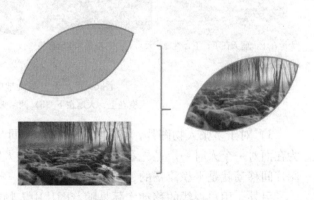

图 6-35　设置填充方式　　　　　　　图 6-36　图片填充后的效果

插入完成后，还可以设置相关的其他参数，根据需要可以自己调整。

6. 给文字填充图片

为了使标题文字更加美观，用户还可以将图片填充到文字内部，具体方法与形状填充相似。图片填充文本后的效果如图 6-37 所示。

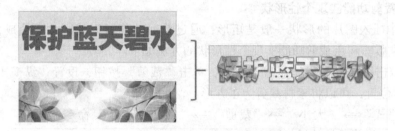

图 6-37　图片填充文本后的效果

6.4　图像的排列技巧

6.4.1　多图排列的技巧

当一页 PPT 中使用多张图片时，需要合理安排图像的位置。为了图像的排版获得最佳效果，在此介绍几条经验。

1）当一页 PPT 中有天空与大地两幅图像时，把天空放到大地的上方，这样更协调。

2）当一页 PPT 中有两幅大地的图像时，两张图片地平线要在同一直线上，这样看起来就像一张图片一样，如图 6-38 所示。

地平线错开，视觉不协调

地平线一致，视觉更舒服

大地在上，蓝天在下，不合常理　天为上，地为下，和谐自然

a)　　　　　　　　　　　　　　　　　　　b)

图 6-38　天空与大地的排列方式

a）天空在上，大地在下　b）两幅大地图像在同一地平线上

3）对于多张人物图片，将人物的眼睛置于同一水平线上时看起来是很舒服的。这是因为在面对一个人时一定是先看他的眼睛，当这些人物的眼睛处于同一水平线时，视线在三张图片间移动就是平稳流畅的，如图 6-39 所示。

另外，用户视线的移动实际是随着图片中人物视线的方向的，所以，处理好图片中人物与 PPT 内容的位置关系非常重要，如图 6-40 所示。

单个人物与文字排版时，人物的视线应向文字，使用两幅人物图片时，两人视线相对，可以营造和谐的氛围。

图 6-39　多个人物的视线在一条线上

图 6-40　PPT 内容在视线的方向

6.4.2　强调突出型图片的处理

对比是辨认的基础，要让强调的内容凸显出来，就需要增加它与其他元素之间的对比，而在 PPT 中，图片的对比主要通过颜色的差异来实现。

如图 6-41 所示，图 6-41a 为原图，图 6-41b 将背景图片设置为黑白图片，前景的人物保留彩色图片，同时添加了人物介绍，图 6-41c 将背景图像透明度降低，图 6-41d 将整个强调的图像人物凸显全彩色，背景灰度表达，同时添加图形进行说明。

图 6-41　强调突出型图片的处理方式

a）原图　b）强调方式 1　c）强调方式 2　d）强调方式 3

6.4.3　图文混排的技巧

图片通常是色彩斑驳的，文本通常是颜色单一的，当两者需要放在一起时，常出现部分文本与图片颜色相近而不好分辨的情况。为了让文字能够被看得清楚，可以采用以下方法。

1）文字直接放到颜色较纯净的空白区。当空白不足时，可以使用背景删除工具将背景移除，如图6-42所示。当文字出现在图片上本有的内容载体上时（如名片、显示器等），图片与文字的结合就自然而巧妙了，如图6-43所示。

图6-42　背景上直接输入文字　　　　图6-43　利用图片上的白纸输入文字

2）为文字添加轮廓或发光效果。当发光效果的透明度为0时，实际上是为文字添加了一种柔和的边框，如图6-44所示。另外，文字的轮廓会让字体的字重减小，发光则不会对字形产生影响。

3）在文本框下方添加图形作为底色，图形既可以是透明的，也可以是不透明的，如图6-45所示。

图6-44　设置文字发光效果　　　　图6-45　文字背景添加图形为底色

4）在文字下方添加便签、纸片等图片，添加阴影和使用图钉或胶带等素材修饰后，便签和纸片会变得更加真实，如图6-46所示。

a)　　　　　　　　　　　　　　　　b)

图6-46　文字上添加图钉或便签纸

a）图钉的效果　b）便签纸的效果

6.5 全图型 PPT 的制作技巧

图文搭配是 PPT 设计的基本功。给图片配上文字，与平面排版有相通之处，但因为偏重不一样，所以处理方式截然不同。

图片的文字，重在衬托图片，而平面设计的文字则重在传达力量。前者更多的是一种点缀，而后者更多的是一种武器。所以，照片的文字是为了引导人们更好地观看图片，而不是喧宾夺主。

下面介绍几种全图型 PPT 的设计与制作方法。

1. 文字渲染型

文字渲染型就是让人们分配更多的注意力到文字，进而用文字优化画面。

运用这个类型，最重要的就是要选好字体，手写体、粗犷体、纤细体的选择几乎决定了 PPT 的最终效果。图 6-47 所示就是使用两种不同的字体表达了两种不同的效果。

a)   b)

图 6-47　文字渲染型

a）书法体的效果　b）书法体与粗宋体

2. 朴实无华型

朴实无华型就是纯文字，并且没有颜色的对比、大小的对比、字体的对比等。这种类型又有两个基本型：水平型和竖直型，如图 6-48 所示。

a)   b)

图 6-48　朴实无华型

a）水平型　b）竖直型

这种类型的关键在于：把握好字体的选择、间距的选择和文字的选择。字体要融合画面，间距根据需要增减，文字一定要与画面融合。

3. 底纹型

底纹型就是在文字区域添加底纹，将文字与画面分离开来。

这种类型的优点就是能够最大限度地降低画面对文字的影响，让设计者拥有更大的空间选择文字与排版，并且能更加有效地突出文字。用户经常会遇到这样的情况，在画面输入文字时，因为颜色差异不大的关系，文字被画面掩盖掉了，这时候，底纹型就可以一劳永逸地解决这个问题，如图6-49所示。

图6-49　底纹型
a）圆形半透明衬托　b）矩形区域衬托

底纹型的关键在于如何让底纹更好地融入画面而不显突兀，主要的方法有：让底纹本身具有设计感。调整不透明度。将部分文字置于底纹之外以加强底纹与画面的联系。

4. 文字线型

文字线型就是在画面的文字区域有一根线，通常有三种表现形式：水平、垂直和斜线，而线本身又有两种形式：实线和虚线。文字线的作用主要体现在平衡画面、凸显层次、引导观众等。文字线型如图6-50所示。

图6-50　文字线型
a）水平线　b）竖线

5. 字体搭配型

字体搭配型就是不同字体类型进行搭配，同中求异，突出重点。但字体样式不宜太多，2~3种即可，另外建议印刷体和手写体进行搭配。字体搭配还包括中英文搭配，文字与数字搭配等。如图6-47即使用了两种字体的搭配。

6. 颜色搭配型

颜色搭配型就是文字有两种或者两种以上的颜色搭配。需要注意，颜色不要太多，2~3种即可，色彩的纯度不要太高，如图6-51所示。

7. 大小搭配型

大小搭配型就是文字的大小进行搭配，让文字有大小的变化，进而突出重点，体现出节奏上的变化，如图6-52所示。

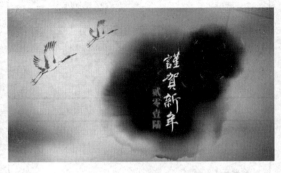

图6-51　颜色搭配型

图6-52　大小搭配型

6.6　案例：企业校园招聘宣讲会

6.6.1　案例介绍

福膜新材料科技有限公司是一家由海外回国人员创办的民营高科技企业，位于杭州国家级经济技术开发区内，于2010年6月11日工商注册成立。现需要针对应届大学毕业生进行招聘，需要介绍公司概况、职业发展、薪酬福利、岗位责任与要求、应聘流程等。

企业的详细介绍参照素材文件夹"福膜新材料科技有限公司校园宣讲稿.pdf"。

6.6.2　PPT框架策划

本案例可以采用说明式框架结构，如图6-53所示。

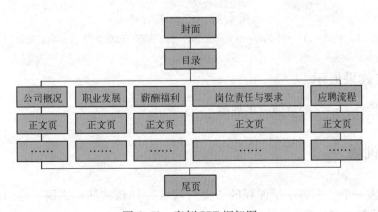

图6-53　案例PPT框架图

6.6.3 PPT 设计思路

依据本案设计，页面的草图框架结构如图 6-54 所示。

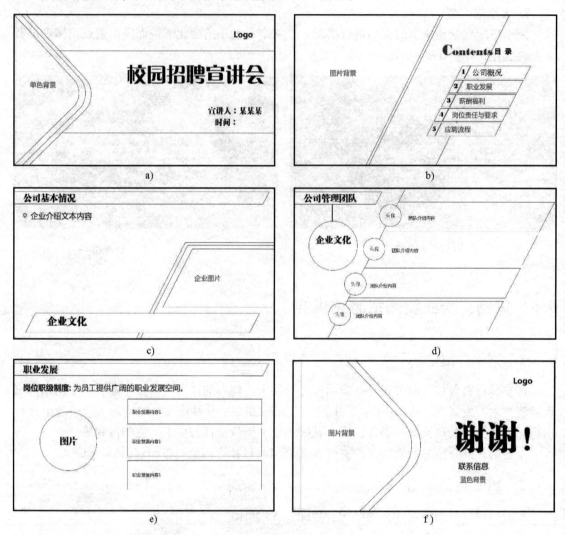

图 6-54 本案草图设计

a）封面 b）目录 c）公司概况 – 基本情况 d）公司概况 – 团队管理 e）职业发展 f）尾页

6.6.4 PPT 效果展示

依据本案设计，最终的页面效果如图 6-55 所示。

6.7 拓展训练

曾教授要做一个"西方小学课程的历史与现状"比较的演示文稿，他的助教为他制作了一个版本，如图 6-56 所示。

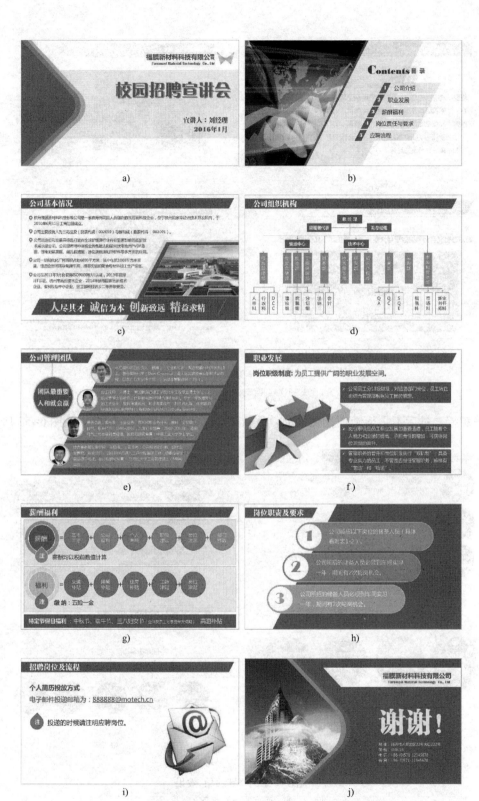

图 6-55　本案例最终实现效果

a）封面　b）目录　c）公司概况　d）组织机构　e）团队介绍　f）职业发展

g）薪酬福利　h）岗位与要求　i）招聘流程　j）尾页

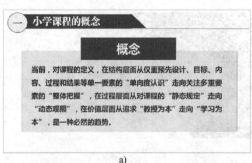

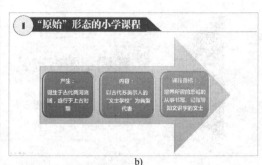

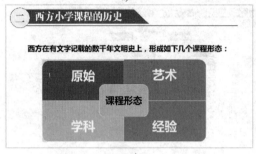

图 6-56　本案例原始效果

a）页面 1　b）页面 2　c）页面 3　d）页面 4

曾教授看过后不是很满意，要求助教重新进行了优化，优化后的效果如图 6-57 所示。

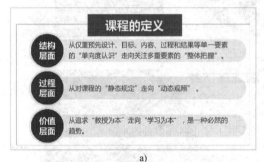

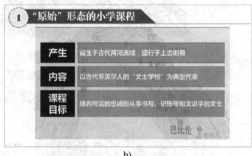

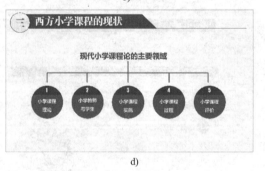

图 6-57　本案例原始效果

a）页面 1　b）页面 2　c）页面 3　d）页面 4

第7章 PPT图表

7.1 使用表格

文不如表，表不如图，表格的优点就在于它能支持多种维度的数据总结。本节首先介绍 PowerPoint 2013 制作表格的方法与技巧。

7.1.1 创建表格

创建表格是指在 PowerPoint 2013 中运用系统自带的表格插入功能，按要求插入规定行数与列数的表格，或者运用 PowerPoint 2013 中的绘制表格的功能，按照数据需求绘制表格。

插入表格是运用 PowerPoint 2013 自带的表格插入功能来插入自定义行数与列数的表格。首先，选择幻灯片，执行"插入"选项卡下的"表格"命令，在其下拉列表中直接选择行数和列数，即可在幻灯片中插入相对应的表格，如图 7-1 所示。还可以单击"插入表格"命令，在弹出的"插入表格"对话框中输入行数与列数即可，如图 7-2 所示。

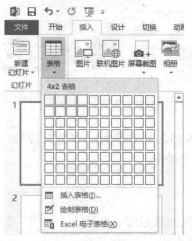
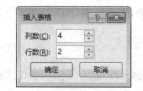

图 7-1 选择"插入表格"行列数　　　图 7-2 "插入表格"对话框

此外，用户还可以使用图 7-1 中"表格"命令下的"绘制表格"命令，当光标变为"笔"形状时，拖动鼠标在幻灯片中绘制表格边框。

然后，执行"表格工具"→"设计"→"绘图边框"→"绘制表格"命令，将光标放至在外边框内部，拖动鼠标绘制表格的行和列。

用户还可以将 Excel 电子表格放置于幻灯片中，并利用公式功能计算表格数据。方法是：执行图 7-1 中"表格"命令下的"Excel 电子表格"命令，然后输入数据与计算公式并单击幻灯片的其他位置即可。Excel 电子表格可以对表格中的数据进行排序、计算、使用公式等，而 PowerPoint 2013 系统自带的表格不具备上述功能。

7.1.2　表格的编辑

在幻灯片中创建表格之后，需要通过调整表格的行高、列宽以及插入行或列等操作来编辑表格，在使表格具有美观性与实用性的同时达到数据对表格的各类要求。鼠标单击刚刚插入的表格，此时会显示"表格工具"选项卡，单击"布局"选项卡，如图7-3所示。

图7-3　"表格工具"的"布局"选项卡

通过"布局"选项卡能够很方便地完成表格的选择，表格行高、列宽的控制，以及表格的合并与拆分等操作。这些操作与 Word 的表格操作相似，这里不再赘述。

7.1.3　表格的美化

当幻灯片中创建并编辑完表格之后，为了使表格适应演示文稿的主题色彩，同时也为了美化表格的外观，对表格美化的目的就是降低表格的枯燥感，提高表格的视觉效果，还需要设置表格的整体样式、边框格式、填充颜色与表格字体等表格格式。鼠标单击刚刚插入的表格，显示"表格工具"选项卡，单击"设计"选项卡，如图7-4所示。

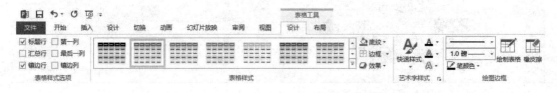

图7-4　"表格工具"的"设计"选项卡

通过"设计"选项卡能够很方便地完成表格的样式设计、表格的边框、表格的底纹、表格的效果、表格内的艺术字以及表格的绘制等操作。

7.1.4　表格的形式

根据表格的组织方式，表格可分为横向、纵向和矩阵3种形式，如图7-5所示为表格横向与纵向的组合方式。

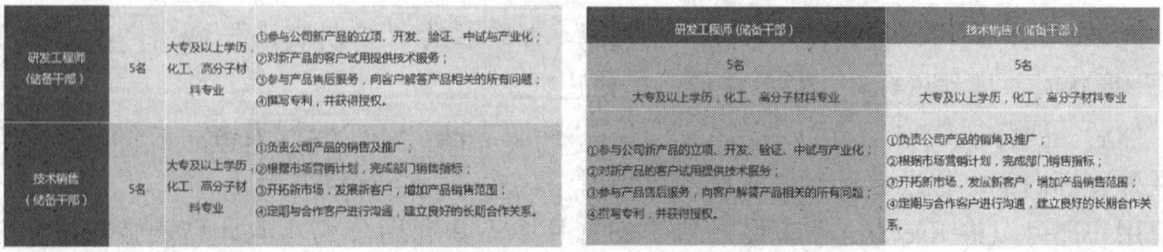

a)　　　　　　　　　　　　　　　　b)

图7-5　表格的横向与纵向组织方式

a）信息的横向组合方式　b）信息的纵向组合方式

增加数据信息的维度，使用矩阵组织方式的效果如图 7-6 所示。

岗位名称	人数	岗位要求	岗位职责
研发工程师 (储备干部)	5名	大专及以上学历 化工、高分子材料专业	①参与公司新产品的立项、开发、验证、中试与产业化； ②对新产品的客户试用提供技术服务，向客户解答产品相关的所有问题； ③参与产品售后服务，向客户解答产品相关的所有问题； ④撰写专利，并获得授权。
技术销售 (储备干部)	5名	大专及以上学历 化工、高分子材料专业	①负责公司产品的销售及推广； ②根据市场营销计划，完成部门销售指标； ③开拓新市场，发展新客户，增加产品销售范围； ④定期与合作客户进行沟通，建立良好的长期合作关系。

图 7-6　表格的矩阵组织方式

7.1.5　案例：表格的应用技巧

1. 运用表格进行封面设计
运用表格设计 PPT 的封面页面效果如图 7-7 所示。

a)

b)

c)

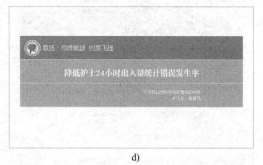

d)

图 7-7　PPT 封面效果
a) 效果 1　b) 效果 2　c) 效果 3　d) 效果 4

本例中主要运用了对表格的颜色填充，运用图片作为背景。例如对于 7-7b 中的背景图片，需要选择表格，然后单击鼠标右键，执行"设置形状格式"命令，在"设置形状格式"面板中设置"图片或纹理填充"，选择"文件"按钮后选择所需图片即可，注意勾选"将图片平铺为纹理"。

2. 运用表格进行目录设计
运用表格设计 PPT 的目录页面效果如图 7-8 所示。

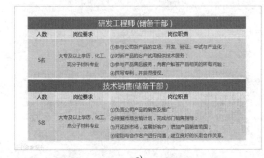
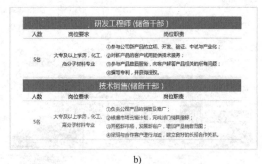

图 7-8　PPT 的目录页面效果

a）效果 1　b）效果 2　c）效果 3　d）效果 4

3. 运用表格进行常规设计

运用表格可以设计 PPT 内容页面的常规设计，如图 7-9 所示。

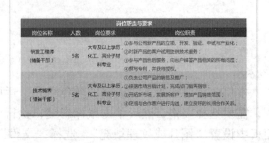

图 7-9　PPT 内容页面的常规设计效果

a）效果 1　b）效果 2　c）效果 3　d）效果 4

4. 运用表格进行文字排版

运用表格可以进行 PPT 内容页面的文字排版，如图 7-10 所示。

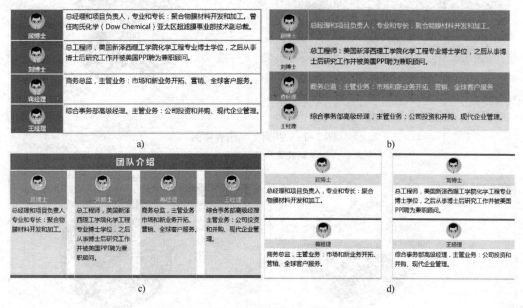

图 7-10　PPT 内容页面的文字排版设计

a）效果 1　b）效果 2　c）效果 3　d）效果 4

7.2　逻辑关系图表

7.2.1　认识逻辑关系图表

常见的逻辑关系图表包括并列关系、包含关系、扩散关系、递进关系、冲突关系、强调关系与循环关系等。

1. 并列关系图表

并列关系是指所有对象都是平等的关系，按照一定的顺序一一列举出来，没有主次之分，没有轻重之别。

制作技巧：并列的对象一般都是由标题加解释性文本组成的。

几个对象在色彩、大小、形状等方面要保持一致，如颜色要相同或者处于相似的亮度与饱和度；大小要相同或有一定的规律（如空间规律）；形状一般相同。通常，只需要制作一个，然后复制、更改颜色即可，如图 7-11 所示。

2. 包含关系图表

包含关系是指一个对象包含另外一个或几个对象，其余几个对象之间可以是并列关系，也可以是更复杂的关系。

制作技巧：制作的关键在于"包含"的概念如何体现，一般都是用一个闭合的图形表示，可以是中心对象本身做得很大把其余几个对象包含进来，也可以单独再画一个圆或矩形把其余几个对象囊括进来，如图 7-12 所示。

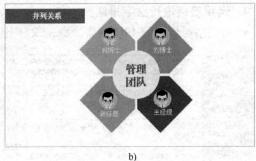

图 7-11　并列关系图表样例

a）效果 1　b）效果 2

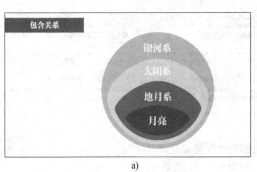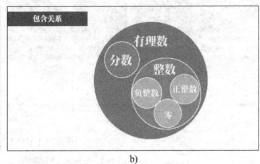

图 7-12　包含关系图表样例

a）效果 1　b）效果 2

3. 扩散关系图表

扩散关系是指一个对象分解、引申或演变为几个对象的情况，是综合关系的逆过程，一般用于解释性的幻灯片中。

制作技巧："总"到"分"是这一关系的典型特征。

中心对象最显眼、分量最重，分对象通过各种方式关联在一起，并与中心对象呈发散状分布，如图 7-13 所示。

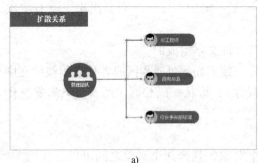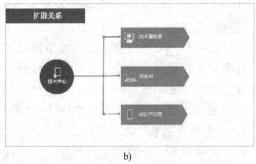

图 7-13　扩散关系图表样例

a）效果 1　b）效果 2

4. 递进关系图表

递进关系是指几个对象之间呈现层层推进的关系，主要强调先后顺序和递增趋势，包括时间上的先后、水平的提升、数量的增加、质量的变化等。

制作技巧：递进关系的一个明显特征在于先后的顺序和量的变化，如何表现层次感是制作的关键。递进关系里几个对象的制作方法是相同的，只是在大小、高低、深浅等方面有所差异，如图7-14所示。

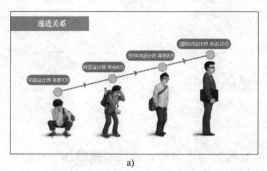 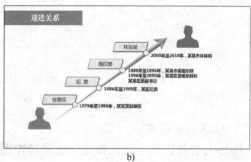

a)   b)

图7-14　递进关系图表样例
a）效果1　b）效果2

5. 冲突关系图表

冲突关系是指两个及以上的对象在某些问题上的矛盾和对立，冲突的焦点可以是利益、观点等。展示冲突不是目的，预测趋势或寻找解决的方法才是根本所在。

制作技巧：一般情况下，不仅仅列出两个冲突对象，还要列出冲突的焦点、双方的冲突策略、力量对比以及解决冲突的方法。制作这类图表时，要充分考虑到以上诸要素的处理方法。一般冲突关系里两个对象都是水平摆放，如图7-15所示。为美观起见，也可以采用45°对角摆放。

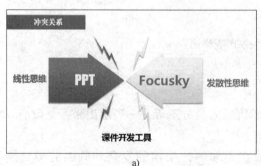 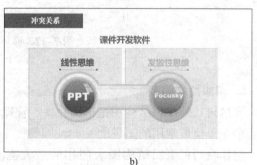

a)   b)

图7-15　冲突关系图表样例
a）效果1　b）效果2

6. 强调关系图表

强调关系是指在几个并列的对象中更突出强调某一个或数个对象的情况。

制作技巧：强调无非是通过放大面积、突出颜色、用线条勾选、绘制特殊形状、摆在核心位置等几种形式去实现的。有的是单重强调，有的是二重强调，有的是多重强调，如图 7-16 所示。

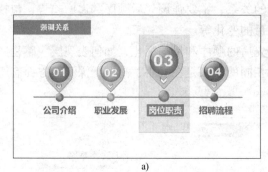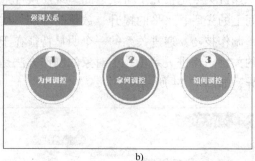

a)

b)

图 7-16　强调关系图表样例

a）效果 1　b）效果 2

7. 循环关系图表

循环关系是指几个对象按照一定的顺序循环发展的动态过程，强调对象的循环往复。

制作技巧：循环是一个闭合的过程，通常用循环指向的箭头去表示，有时候对象本身就是箭头。循环的过程一般较复杂，所以在制作图表时，尽可能去除无关紧要的元素，并把循环的对象凸显出来，并保持画面一目了然，如图 7-17 所示。

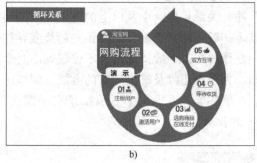

a)

b)

图 7-17　循环关系图表样例

a）效果 1　b）效果 2

8. 组织结构图表

通过树状的组织结构图把机构设置、管理职责、人员分工等一一展示出来，是政府、企业、事业单位最常用的图表之一。

制作技巧：组织结构图表制作的最大挑战在于如何把架构的复杂和画面的美观结合起来。

绘制组织结构图的基本原则——简洁。首先，把无关紧要的内容删除。其次，把不重要的内容淡化。最后，让线条尽可能清晰，如图 7-18 所示。

9. 时间线关系图表

时间常常被认为是一种主观的体验，然而在可视化的表达中，时间却成了结构化维度。时间线能帮助用户构建稳健而直观的框架，使用户更好地建立事件间的联系。

按照时间线的方式阐述信息已经广泛应用于企业传播、营销的各个领域。从介绍新产

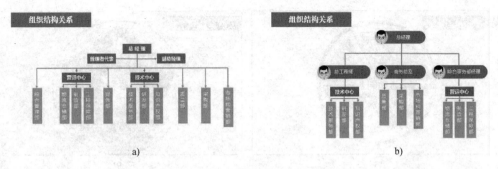

图 7-18　组织结构图表样例

a）效果 1　b）效果 2

品，到日常做年报、里程碑事件的 PPT，用户都能发现时间线的身影。

制作技巧：要玩转时间线，首先，需要了解以下 4 个方面的构成元素。

1）描述时间的轨迹或路径。用户以何种方式呈现时间线，它的发展轨迹如果，如何体现时间的变化？

2）点或段的定义。时间线上排布哪些要素，某一个固定的时间节点如何展开？

3）文本或图形的定义。文本和图形所放置的位置，它们是否需要呈现某种变化关系？

4）标签和调用的定义。补充说明的标签如何植入，需要调用哪些图文来增强阐释？

常被业界使用的时间线有三维螺旋时间线、交互时间线、棋盘时间线、大数据时间线、关系时间线、甘特时间线及复杂时间线等，在此列举两例，如图 7-19 所示。

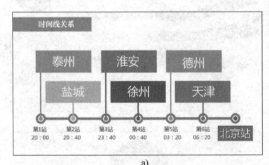
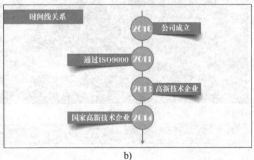

图 7-19　时间线关系图表样例

a）效果 1　b）效果 2

10. 综合关系图表

综合关系是指由几个对象推导出同一个对象的关系形态，表示因果、集中、总结等意思。

制作技巧：综合关系的一个明显特征在于中心非常明确，也就是由几个对象最终推导出的那个对象，颜色最突出、尺寸最大，位置一般处于中心，也有的处于幻灯片右侧。其余几个对象一般都是中心对象的缩放，而且处于并列关系，形状一般相同，颜色或相同或间隔区分，如图 7-20 所示。

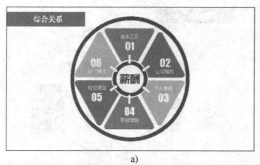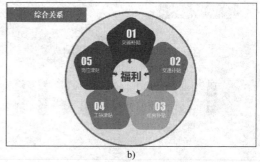

a)   b)

图 7-20　综合关系图表样例

a）效果 1　b）效果 2

7.2.2　案例：绘制自选图形

在制作演示文稿的过程中，对于一些具有说明性的图形内容，用户可以在幻灯片中插入自选图形的内容，并根据需要对其进行编辑，从而使幻灯片达到图文并茂的效果。Power-Point 2013 中提供的自选形状包括线条、矩形、基本形状、箭头总汇、公式形状、流程图、星与旗帜和标注等。下面以"易百米快递 – 创业案例介绍"为例，充分利用绘制自选图形来制作一套模板，页面效果如图 7-21 所示。

图 7-21　易百米快递 – 创业案例介绍自选图形绘制模板

a）封面页　b）目录页　c）内容页　d）封底页

通过对图 7-21 进行分析，主要是用了自选绘制图形，如矩形、泪滴形、任意多边形等，此外还用了图形绘制的"合并形状"功能。

1. 绘制泪滴形

在图 7-21 中的封面页、内容页、封底页都使用了泪滴形。具体绘制方式如下。

单击"插入"选项卡中的"形状"选项，选择"基本形状"中的"泪滴形"按钮，如图 7-22 所示，在页面中拖动鼠标绘制一个泪滴形，如图 7-23 所示。

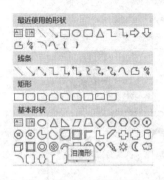

图 7-22 插入泪滴形

图 7-23 插入泪滴形后的效果

选择绘制的泪滴形，设置图形的格式，对图形进行图片填充（素材文件夹下的"封面图片.jpg"），效果如图 7-24 所示。

PPT 封底页中的泪滴形的制作思路：选择绘制的泪滴形，将其旋转 90°，然后插入图片放置在泪滴图形的上方，效果如图 7-25 所示。

图 7-24 封面中的泪滴形效果

图 7-25 封底页面中的泪滴形效果

2. 图形的"合并形状"功能

在图 7-21 中的内容页的空心泪滴形的设计示意图如图 7-26 所示。

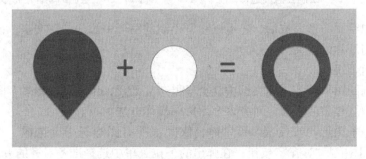

图 7-26 空心泪滴形图形绘制的示意图

图 7-26 图形的绘制思路：先绘制一个泪滴形，然后绘制一个圆形，将圆形放置在泪滴形的上方，调整位置，使用鼠标先选择泪滴形，然后选择圆形，如图 7-27 所示。

单击"格式"选项卡中"插入形状"选项的"合并形状"按钮，执行"组合形状"命令，如图 7-28 所示，就可以完成空心泪滴形的绘制。

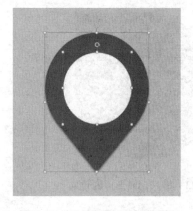
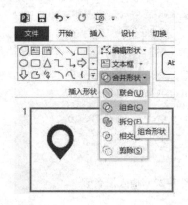

图 7-27　选择两个绘制的图形　　　　图 7-28　"合并形状"的组合命令

此外，大家可以练习使用联合、拆分、相交及剪除等命令。

3. 绘制自选形状

在图 7-21 中的目录页面主要使用了图 7-22 中的"任意多边形"（线条栏中，倒数第 2 个）图形实现。选择"任意多边形"工具，依次绘制 4 个点，闭合后即可形成四边形，如图 7-29 所示。按照此法一次绘制即可完成目录页中图形的绘制，如图 7-30 所示。

图 7-29　绘制任意多边形　　　　　　图 7-30　绘制的立体图形效果

在幻灯片中绘制图形完成后，还可以在所绘制的图形中添加一些文字，说明所绘制的图形，进而诠释幻灯片的含义。

4. 对齐多个图形

如果所绘制的图形较多，在文档中就会显得杂乱无章，用户可以将多个图形进行对齐显示，这样会使幻灯片整洁干净，对齐多个图形的操作方法如下。

单击选中一个图形，按住〈Shift〉键，依次将所有图形选中，选择"格式"选项卡，单击"排列"组中的"对齐"按钮；在弹出的下拉菜单中选择准备对齐的方式即可。

5. 设置叠放次序

在幻灯片中插入多张图片后，用户可以根据排版的需要，对图片的叠放次序进行设置。

具体方法如下。

选择处于底层的图片，在弹出的快捷菜单中用鼠标右键单击，选择"置于底层"子菜单项，如果实现置顶就选择"置于顶层"子菜单项。

7.2.3　创建 SmartArt 图形

SmartArt 图形是信息和观点的视觉表示形式，通过不同形式和布局的图形代替枯燥的文字，从而快速、轻松、有效地传达信息。

1. 插入与编辑 SmartArt 图形

SmartArt 图形在幻灯片中有两种插入方法，一种是直接在"插入"选项卡中单击"SmartArt"按钮；另一种是先用文字占位符或文本框将文字输入完成，然后再利用转换的方法将文字转换成 SmartArt 图形。

下面以绘制一张循环图为例介绍如何直接插入 SmartArt 图形。具体方法如下：

1）打开需要插入 SmartArt 图形的幻灯片，切换到"插入"选项卡，单击"插图"组中的"SmartArt"按钮，如图 7-31 所示。

2）弹出"选择 SmartArt 图形"对话框，在其左侧列表中选择"循环"分类，在其右侧列表框中选择一种图形样式，这里选择"基本循环"图形，如图 7-32 所示，完成后单击"确定"按钮，插入后的"基本循环"图形如图 7-33 所示。

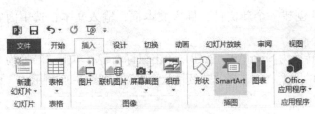

图 7-31　"SmartArt"按钮

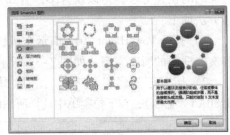

图 7-32　"选择 SmartArt 图形"对话框

注：SmartArt 图形包括了"列表""流程""循环""层次结构""关系""矩阵"和"棱锥"等很多分类。

3）幻灯片中将生成一个结构图，结构图默认由 5 个形状对象组成，用户可以根据实际需要进行调整，如果要删除形状，只需选中某个形状后按下〈Delete〉键即可，删除一个形状对象后的效果如图 7-34 所示。

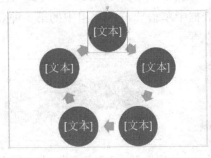

图 7-33　插入后的基本循环效果

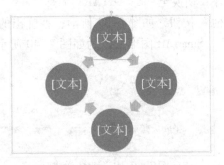

图 7-34　删除一个形状后的效果

此外，如果要添加形状，则在某个形状上单击鼠标右键，在弹出的快捷菜单中单击"添加形状"→"在后面添加形状"命令即可。

设置好 SmartArt 图形的结构后，接下来在每个形状对象中输入相应的文字，最终效果如图 7-35 所示。用户还可以单击"SMARTART 工具"→"设计"选项，执行"更改颜色"按钮，选择恰当的颜色方案，效果如图 7-36 所示。

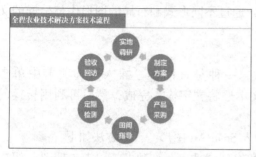

图 7-35　插入文本后的效果

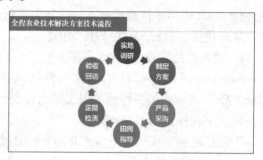

图 7-36　修改颜色方案后的效果

2. 将文本转换成 SmartArt 图形

除了先绘制 SmartArt 图形再输入文字的方法外，还可以先整理出文字内容，再将整理好的内容转换为 SmartArt 图形。将文本转换为 SmartArt 图形是一种将现有幻灯片转换为工艺设计插图的快速方法，可以从许多内置布局中进行选择，以有效传达演讲者的消息或想法。具体方法如下。

1）打开 PowerPoint 2013 演示文稿，创建一个新文件，插入文本框，输入文本，选中内容文本框中的所有文字，如图 7-37 所示。

2）切换到"开始"选项卡，单击"转换为 SmartArt"按钮（单击鼠标右键，单击"转换为 SmartArt"命令），在下拉菜单中选择所需的图形，如选择"连续块状流程"，如图 7-38 所示。

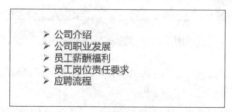

图 7-37　插入文本后的效果

图 7-38　转换为 SmartArt 后的效果

用户可以根据需要进行图形的修改，更改颜色方案，还可以修改文字字体、颜色等等。

此外，切换至"SMARTART 工具"→"设计"选项，单击"SmartArt 样式"组右下角的"其他"按钮，如图 7-39 所示，在弹出的列表框中单击"三维"组中的第 5 种效果"砖块场景"，SmartArt 图形变化为如图 7-40 所示的效果。

图 7-39　SmartArt 样式

图 7-40　设置 SmartArt 样式后的效果

3. 调整 SmartArt 图形布局

所谓布局就是更改和更换图形，利用"布局"的调整，可以将现有的 SmartArt 改为其他的图形效果。选中刚刚绘制的图形，如图 7-40 所示，切换至"SMARTART 工具"选项下的"设计"选项组，在"布局"中单击右下角的"其他"按钮，选择"子步骤流程"选项，如图 7-41 所示，图形的结构就发生了变化，如图 7-42 所示。

图 7-41　修改 SmartArt 的布局

图 7-42　修改 SmartArt 图形布局后的效果

此外，用户制作好一个 SmartArt 图形后，可以根据需要对图形的结构进行调整，包括层次、相对关系等。SmartArt 图形中的每个元素都是一个独立形状图形，用户也可以根据需要改变其中一个或多个图形的形状。

7.3　数据分析图表

7.3.1　认识数据图表

数据图表主要由图表区域及区域中的图表对象组成，其对象主要包括标题、图例、垂直轴（值）、水平轴（分类）及数据系列等。在图表中，每个数据点都与工作表中的单元格数据相对应，而图例则显示了图表数据的种类与对应的颜色。图表的各个组成元素如图 7-43 所示。

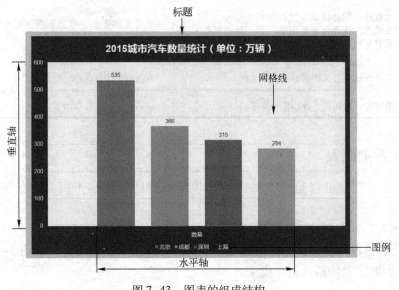

图 7-43　图表的组成结构

PowerPoint 2013 为用户提供了 10 种标准的图表类型，每种图表类型又包含了若干个子类型，每种图表类型的功能与子类型如表 7-1 所示。

表 7-1 图表类型

类 型	功 能	子 类 型
柱形图	柱形图用于显示一段时间内的数据变化或显示各项之间的比较情况。在柱形图中，通常沿水平轴组织类别，而沿垂直轴组织数值	二维柱形、三维柱形、圆柱形、圆锥形、棱锥形
折线图	可以显示随时间（根据常用比例设置）而变化的连续数据，因此非常适用于显示在相等时间间隔下数据的趋势。在折线图中，类别数据沿水平轴均匀分布，所有值数据沿垂直轴均匀分布	折线图、带数据标记的折线图、三维折线图
饼图	饼图显示一个数据系列中各项的大小与各项总和的比例。饼图中的数据点显示为整个饼图的百分比	二维饼图、三维饼图
条形图	类似于柱形图，条形图显示各个项目之间的比较情况	二维条形图、三维条形图、圆柱图、圆锥图、棱锥图
面积图	面积图强调数量随时间而变化的程度，也可用于引起人们对总值趋势的注意。例如，表示随时间而变化的利润的数据可以绘制在面积图中以强调总利润	面积图、堆积面积图、百分比堆积面积图、三维面积图、三维堆积面积图、百分比三维堆积面积图
XY 散点图	散点图显示若干数据系列中各数值之间的关系，或者将两组数绘制为 XY 坐标的一个系列	带数据标记的散点图、带平滑线及数据标记的散点图、带平滑线的散点图、带直线和数据标记的散点图、带直线的散点图
股价图	以特定顺序排列在工作表的列或行中的数据可以绘制到股价图中。顾名思义，股价图经常用来显示股价的波动。然而，这种图表也可用于科学数据	盘高－盘低－收盘图、开盘－盘高－盘低图、收盘图、成交量－盘高－盘低－收盘图 4 种类型
曲面图	如果要找到两组数据之间的最佳组合，可以使用曲面图。就像在地形图中一样，颜色和图案表示具有相同数值范围的区域	三维曲面图、三维曲面图（框架图）、曲面图、曲面图（俯视框架图）
雷达图	雷达图比较若干数据系列的聚合值	雷达图、带数据标记的雷达图
组合	组合是将前面的 9 种图进行重组的结果	簇状柱形图－折线图的组合

7.3.2 插入数据图表

一般情况下，用户可以运用"插图"选项组的方法来创建不同类型的图表。具体方法是：

执行"插入"→"插图"→"图表"命令，弹出"插入图表"对话框，如图 7-44 所示，选择相应的图表类型，并在弹出的 Excel 工作表中输入示例数据，如图 7-45 所示，关闭 Excel 后，数据图表的插入就完成了。

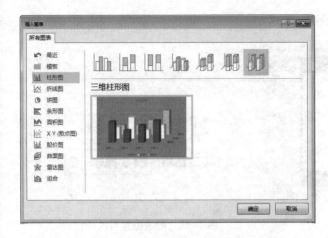

图 7-44 "插入图表"对话框

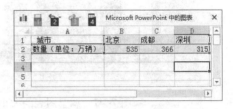

图 7-45 在 Excel 表中输入数据

7.3.3 编辑数据图表

创建完图表之后，为了使图表具有美观的效果，需要对图表进行编辑操作，只需要选中该图表，在"图表工具"的"设计"选项卡中，单击"编辑数据"即可重新打开 Excel 窗口，如图 7-46 所示。

图 7-46 "图表工具"的"设计"选项卡

单击"选择数据"则可指定生成图表的数据序列，使用"切换行/列"可以调换图表的横纵坐标轴。例如调整图表大小、添加图表数据、为图表添加数据标签元素等操作。

1. 更改图表标题

选择标题文字，将光标定位于标题文字中，按〈Delete〉键删除原有标题文本输入替换文本即可。另外，用户还可以用鼠标右键单击标题执行"设置图表标题格式"命令，按〈Delete〉键删除原有标题文本输入替换文本即可。

2. 调整数据图表

在幻灯片中创建图表之后，需要通过调整图表的位置、大小与类型等编辑图表的操作来使图表符合幻灯片的布局与数据要求。

调整图表的位置，选择图表，将鼠标移至图表边框或图表空白处，当鼠标变为"四向箭头" ✛ 时，拖动鼠标即可调整图表位置。

3. 调整图表的大小

选择图表，将鼠标移至图表四周边框的控制点上，当鼠标变为"双向箭头"时，拖动即可调整图表大小，如图 7-47 所示。

另外，选择图表，在"格式"选项卡的"大小"选项组中，输入图表的"高度"与

"宽度"值，即可调整图表的大小，如图 7-48 所示。

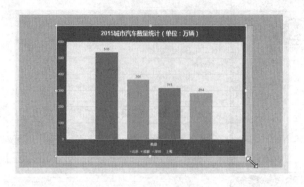

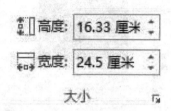

图 7-47　调整图表的大小　　　　　　　　　图 7-48　图表的宽与高的设置

4. 更改图表类型

更改图表类型是将图表由当前的类型更改为另外一种类型，通常用于多方位分析数据。执行"设计"→"类型"→"更改图表类型"命令，在弹出的"更改图表类型"对话框中选择一种图表类型即可，如图 7-49 所示。或者执行"插入"→"插图"→"图表"命令，在弹出的"更改图表类型"对话框中选择相应的图表类型，如选择"条形图"，并单击"确定"按钮，效果如图 7-50 所示。

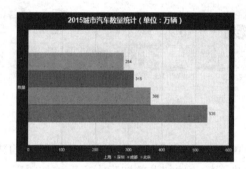

图 7-49　"更改图表类型"对话框　　　　　　图 7-50　更改后的图表效果

7.3.4　编辑图表数据

创建图表之后，为了达到详细分析图表数据的目的，用户还需要对图表中的数据进行选择、添加与删除操作，以满足分析各类数据的要求。

1. 编辑现有数据

选择需要编辑数据的图表（编辑图表数据.pptx），执行"设计"→"数据"→"编辑数据"命令，如图 7-46 所示，在弹出的 Excel 工作表中编辑图表数据即可，如图 7-51 所示。

2. 重新定位数据区域

选择需要编辑数据的图表（编辑图表数据.pptx），执行"设计"→"数据"→"选择数据"命令，在弹出的"选择数据源"对话框中，单击"图表数据区域"右侧的折叠按钮，在 Excel 工作表中选择数据区域即可，如图 7-52 所示。

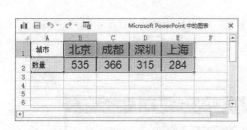

图7-51 编辑图表中的数据

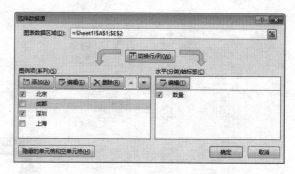

图7-52 "选择数据源"对话框

3. 添加数据区域

选择需要编辑数据的图表（编辑图表数据 . pptx），执行"设计"→"数据"→"选择数据"命令，在弹出的"选择数据源"对话框中单击"添加"按钮。然后，在弹出的"编辑数据系列"对话框中，分别设置"系列名称"和"系列值"选项即可，如图7-53所示，添加数据后的效果如图7-54所示。

图7-53 添加数据区域

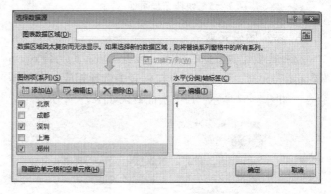

图7-54 添加后的数据效果

4. 删除数据区域

选择需要编辑数据的图表（编辑图表数据 . pptx），执行"设计"→"数据"→"选择数据"命令，在弹出的"选择数据源"对话框的列表框中，选择需要删除的系列名称，并单击"删除"按钮，可以删除数据区域。

7.3.5 设置图表布局与样式

图表布局直接影响到图表的整体效果，用户可根据工作习惯设置图表的布局。例如，添加图表坐标轴、数据系列、趋势线等图表元素。另外，用户还可以通过更改图表样式达到美化图表的目的。

1. 使用图表快速布局

PowerPoint 2013 为用户提供了多种预定义布局，用户可以通过执行"设计"→"图表布局"→"快速布局"命令，在下拉列表中选择相应的布局即可，如图7-55所示，如选择"布局5"，PPT页面效果如图7-56所示。

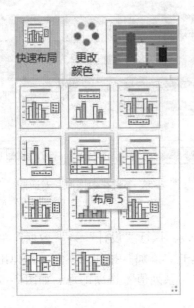

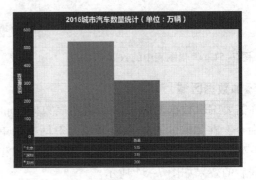

图 7-55　快速布局页面　　　　　　　　图 7-56　快速布局后的效果

2. 添加图表元素

选择需要编辑数据的图表（设置图表布局与样式.pptx），执行"设计"→"图表布局"→"添加图表元素"命令，在下拉列表中选择相应的布局即可，例如选择"数据标签"→"居中"命令，如图 7-57 所示，PPT 页面效果如图 7-58 所示。

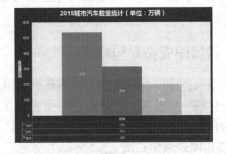

图 7-57　添加图表元素　　　　　　　　图 7-58　添加图表元素的效果

3. 设置图表样式

选择需要编辑数据的图表（设置图表布局与样式.pptx），执行"设计"→"图表样式"→"其他"命令，例如选择"样式 3"，如图 7-59 所示，PPT 页面效果如图 7-60 所示。

142

图 7-59　选择图表"样式 3"

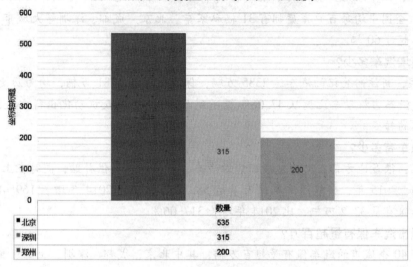

图 7-60　应用图表样式后的效果

7.4　案例：中国汽车权威数据发布

在 PowerPoint 2013 中，图表的制作主要包括：①直接在 PPT 中插入默认的图表；②利用辅助数据扩展数据类型；③使用多个默认图表叠加制作更多图表；④使用绘图工具绘制图表等。本例将综合应用表格以及各种图表的实现方法展示 PPT 中图表的应用。

7.4.1　案例介绍：2015 年度中国汽车权威数据发布节选

本例文本参考素材文件夹"2015 年度中国汽车权威数据发布 .docx"。核心内容如下：
案例标题：2015 年度中国汽车权威数据发布

驾驶私家车已经成为很多人的日常出行方式，但城市中机动车的快速增加也带来不少问题，不少地方都在酝酿实施相关的限制措施。那么，全国机动车的保有量到底有多少？其中私家车又有多少？公安部交管局日前公布的数据显示，截至 2015 年底，全国机动车保有量达 2.79 亿辆，其中汽车 1.72 亿辆，汽车新注册量和年增量均达历史最高水平。

近五年私家车保有量情况（单位：万辆）				
2011 年	2012 年	2013 年	2014 年	2015 年
5814	7222	8807	10599	12345
近五年机动车驾驶人数数量情况（单位：万人）				
2011 年	2012 年	2013 年	2014 年	2015 年
23562	26122	27912	30209	32737

私家车到底有多少？

2015 年，以个人名义登记的小型载客汽车（私家车）超 1.24 亿辆，比 2014 年增加了 1877 万辆。全国平均每百户家庭拥有 31 辆私家车。北京、成都、深圳等大城市每百户家庭拥有私家车超过 60 辆。

今年新增汽车多少？

2015 年，新注册登记的汽车达 2385 万辆，保有量净增 1781 万辆，均为历史最高水平。近 5 年来，汽车占机动车比例从 47.06% 提高到 61.82%，民众机动化出行方式经历了从摩托车到汽车的转变。

新能源车有多少？

近年来，很多地方都在大力发展新能源汽车，不仅购车提供补贴，同时在上牌方面也提供诸多便利。2015 年，新能源汽车保有量达 58.32 万辆，比 2014 年增长 169.48%，其中，纯电动汽车保有量 33.2 万辆，比 2014 年增长 317.06%。

多少城市汽车保有量超百万？

全国有 40 个城市的汽车保有量超百万辆，其中北京、成都、深圳、上海、重庆、天津、苏州、郑州、杭州、广州、西安 11 个城市汽车保有量超过 200 万辆。

汽车保有量超过 200 万的城市（单位：万辆）										
北京	成都	深圳	上海	重庆	天津	苏州	郑州	杭州	广州	西安
535	366	315	284	279	273	269	239	224	224	219

驾驶员有多少？

与机动车保有量快速增长相适应，机动车驾驶人数量也呈现大幅增长趋势，近五年年均增量达 2299 万人。2015 年，全国机动车驾驶人数量超 3.2 亿人，汽车驾驶人 2.8 亿人，占驾驶人总量的 85.63%，全年新增汽车驾驶人 3375 万人。

从驾驶人驾龄看，驾龄不满 1 年的驾驶人 3613 万人，占驾驶人总数的 11.04%。春节将至，全国交通将迎来高峰。公安部交管局提醒低驾龄（1 年以下）驾驶人驾车出行要谨慎，按规定悬挂"实习"标志。

男性驾驶人 2.4 亿人，占 74.29%，女性驾驶人 8415 万人，占 25.71%，与 2014 年相比提高了 2.23 个百分点。

7.4.2 案例分析

在中国汽车工业协会的数据发布中，可以看出本案主要想介绍五个方面的内容：

① 私家车到底有多少?

② 今年新增汽车多少?

③ 新能源车有多少?

④ 多少城市汽车保有量超百万?

⑤ 驾驶员有多少?

第一,"私家车到底有多少"的问题可以采用图形绘制的方式实现,例如,使用绘制小汽车的图形,表达 2011～2015 年汽车的数量变化。

第二,"今年新增汽车多少"的问题可以采用图形绘制的方式,与文本结合去实现,例如,使用圆圈的大小表示数量的多少。

第三,"新能源车有多少"的问题可以采用数据表的方式表达,例如,主要表达 2015年新能源汽车保有量达 58.32 万辆,比 2014 年增长 169.48%,其中,纯电动汽车保有量33.2 万辆,比 2014 年增长 317.06%。

第四,"多少城市汽车保有量超百万"的问题可以采用数据表格的方式表达,也可以用数据图表的方式表达。

第五,"驾驶员有多少"的问题,针对男女驾驶员的比例可以采用饼图来表达,也可以绘制圆形来表达。近五年机动车驾驶人数量情况可以采用人物的卡通图标来表达,例如身高代表多少等。

7.4.3 案例1:整体页面效果

根据本案例的需求设计的模板页面效果如图 7-61 所示。

图 7-61 案例整体效果

a)封面 b)目录 c)转场页 d)内容页1

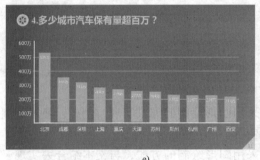

e)
f)

图 7-61　案例整体效果（续）
e）内容页 2　f）封底

7.4.4　案例 2：封面与封底的实现与制作

经过设计，整个页面的封面与封底页面相似，选择汽车作为背景图片，然后在汽车上方放了文本的标题，信息发布的单位信息。具体制作过程如下。

1）启动 "PowerPoint 2013" 软件，新建一个 PPT 文档，命名为 "2015 年度中国汽车权威数据发布 . pptx"，执行 "设计" → "幻灯片大小" → "自定义幻灯片大小" 命令，设置幻灯片的宽度为 33. 88 厘米，高度为 19. 05 厘米。

2）单击鼠标右键，执行 "设置背景格式" 命令，单击 "填充" 选项卡下的 "图片或纹理填充" 单选按钮，如图 7-62 所示，单击 "文件" 按钮，弹出 "插入图片" 对话框，选择素材文件夹下的 "汽车背景 . jpg" 作为背景图片，插入后的效果如图 7-63 所示。

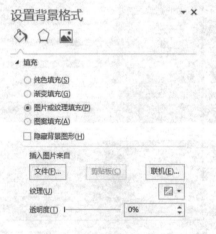

图 7-62　设置背景图片
图 7-63　设置背景图片的效果

3）执行 "插入" → "文本框" → "横排文本框" 命令，输入文本 "2015 年度中国汽车权威数据发布"，选中文本，设置文本字体为 "微软雅黑"，颜色为白色，调整文本框的大小与位置，效果如图 7-64 所示。

4）执行 "插入" → "形状" → "矩形" 命令，绘制一个矩形，矩形填充橙色，边框设置为 "无边框"，选择矩形，单击鼠标右键，执行 "编辑文字" 命令，输入文本 "发布单位"，设置文字颜色为白色，字体为"微软雅黑"，字号为20，水平居中对齐，调整位置后的页面如图7-65所示。

图7-64 插入文本后的效果

图7-65 插入矩形并输入文本

5）复制刚刚绘制的矩形框，设置背景颜色为土黄色，修改文本内容为"中国汽车工业协会"调整位置后，效果如图7-61a所示。

6）复制封面PPT页面，修改"2015年度中国汽车权威数据发布"为"谢谢大家"，然后调整位置，封底页面就完成了，效果如图7-61f所示。

7.4.5 案例3：目录页的制作

1. 目录页面效果实现分析

本页面设计采用左右结构，左侧制作一个汽车的仪表盘，形象地体现汽车这个主体，右侧绘制图像反映要讲解的5个方面的内容，设计示意图如图7-66所示。

图7-66 目录页面示意图

2. 目录页面左侧仪表盘制作过程

1）单击〈Enter〉键，新创建一页幻灯片，单击鼠标右键，执行"设置背景格式"命令，单击"填充"选项卡下的"图片或纹理填充"单选按钮，如图7-62所示，单击"文件"按钮，弹出"插入图片"对话框，选择素材文件夹下的"背景图片.jpg"作为图片背景。

2）执行"插入"→"形状"→"椭圆"命令，按住〈Shift〉键绘制一个圆形，矩形填充"深灰色"，边框设置为"无边框"，调整大小与位置后页面如图7-67所示。

3）执行"插入"→"图片"命令，弹出"插入图片"对话框，选择"表盘1.png"，单击"插入"按钮，依次插入"表盘2.png"与"表针.png"图片，选择绘制的圆形以及插入的所有图片，执行"开始"→"排列"→"对齐"→"左右居中"命令，使其表盘水平方向居中，然后依次选择图片，通过方向键头调节上下的位置，如图7-68所示。

图7-67 插入圆形　　　　　　　图7-68 插入仪表盘图片并对齐后的效果

4）执行"插入"→"文本框"→"横排文本框"命令，输入文本"目录"，选中文本，设置文本字号为40，字体为"幼圆"，颜色为橙色；采用同样的方法插入文本"Contents"，设置文本字号为20，字体为"Arial"，颜色为橙色，调整位置即可。

3. 目录页面右侧图形的制作过程

1）执行"插入"→"形状"→"椭圆"命令，按住〈Shift〉键绘制一个圆形，矩形填充橙色，边框设置为"无边框"，调整大小与位置。

2）执行"插入"→"文本框"→"横排文本框"命令，输入文本"1"，选择文本，设置文本字号为36，字体为"Impact"，颜色为深灰色，把文字放置到橙色圆圈的上方，调整其位置与大小，如图7-69所示。

3）选择橙色圆形与文本，按住〈Ctrl + Alt〉组合键，拖动鼠标即可复制图形与文本，修改文本内容，创建其他目录项目号，如图7-70所示。

 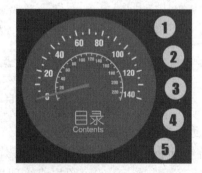

图7-69 插入圆形与文本　　　　　图7-70 插入其他图形元素

4）执行"插入"→"形状"→"椭圆"命令，按住〈Shift〉键依次绘制两个圆形，执行"插入"→"形状"→"矩形"命令，绘制一个矩形，如图7-71所示。

5）选择右侧的矩形与圆形，执行"开始"→"排列"→"对齐"→"顶端对齐"命令，选择圆形，使其水平向左移动与矩形重叠，先选择圆形，按住〈Shift〉键，再次选择矩形，如图7-72所示，执行"格式"→"合并形状"→"联合"命令，即可实现如图7-73

所示的图形。

6）选择左侧的圆形与刚刚合并的图形，执行"开始"→"排列"→"对齐"→"上下居中"命令，选择圆形，使其水平向右移动与矩形重叠，如图7-74所示。

图7-71　绘制所需的图形

图7-72　选择矩形与右侧圆形

图7-73　合并后的图形

图7-74　设置圆形与矩形的位置

7）先选择合并后的形状，按住〈Shift〉键，再次选择左侧圆形，如图7-75所示，执行"格式"→"合并形状"→"剪除"命令，即可实现图7-76所示的图形。

图7-75　选择两个图形

图7-76　剪除后的页面效果

8）调整刚刚绘制图形的位置，执行"插入"→"文本框"→"横排文本框"命令，输入文本"私家车到底有多少?"，选择文本，设置文本字号为26，字体为"微软雅黑"，颜色为白色，调整其位置，如图7-77所示。

9）依次制作其他的目录选项内容，页面效果如图7-78所示。

图7-77　目录页的选项1

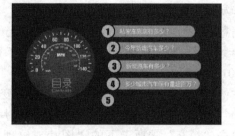

图7-78　添加其他选项后的效果

7.4.6　案例4：过渡页的制作

5个过渡页面风格相似，主要是设置了背景图片后，插入了汽车的卡通图形，然后插入数字标题与每个模块的名称。具体制作过程如下。

1）单击〈Enter〉键，新创建一页幻灯片，单击鼠标右键，执行"设置背景格式"命令，单击"填充"选项卡下的"图片或纹理填充"单选按钮，如图7-62所示，单击"文件"按钮，弹出"插入图片"对话框，选择素材文件夹下的"背景图片.jpg"作为图片背景。

2）执行"插入"→"图片"命令，弹出"插入图片"对话框，选择"卡通汽车形象.png"，单击"插入"按钮，调整位置，使其水平居中在整个幻灯片的中央，如图7-79所示。

3）执行"插入"→"形状"→"椭圆"命令，按住〈Shift〉键绘制一个圆形，矩形填充橙色，边框设置为"无边框"，调整大小与位置。

4）执行"插入"→"文本框"→"横排文本框"命令，输入文本"1"，选择文本设置文本字号为36，字体为"Impact"，颜色为深灰色，把文字放置到橙色的圆圈的上方，调整其位置与大小，如图7-80所示。

图7-79　插入汽车卡通形象

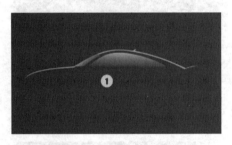
图7-80　插入标题符号

5）执行"插入"→"文本框"→"横排文本框"命令，输入文本"私家车到底有多少?"，选择文本，设置文本字号为50，字体为"微软雅黑"，颜色为深灰色，把文字放置到橙色圆圈的上方，调整其位置与大小。

7.4.7　案例5：数据图表页面的制作

1. 内容页：私家车到底有多少?

内容信息：2015年，以个人名义登记的小型载客汽车（私家车）超1.24亿辆，比2014年增加了1877万辆。全国平均每百户家庭拥有31辆私家车。北京、成都、深圳等大城市每百户家庭拥有私家车超过60辆。

信息重点为"2015年，以个人名义登记的小型载客汽车（私家车）超1.24亿辆，比2014年增加了1877万辆"，核心是"2014年私家车超1.05亿辆，2015年1.24亿辆，2015年比2014年增加了1877万辆"。

本例可以插入图片的方式来表达数量的变化，制作步骤如下：

1）单击〈Enter〉键，新创建一页幻灯片，单击鼠标右键，执行"设置背景格式"命令，单击"填充"选项卡下的"图片或纹理填充"单选按钮，单击"文件"按钮，弹出"插入图片"对话框，选择素材文件夹下的"内容背景.jpg"作为图片背景。

2）执行"插入"→"图片"命令，弹出"插入图片"对话框，选择"汽车轮子.png"，单击"插入"按钮，调整位置。

3）执行"插入"→"文本框"→"横排文本框"命令，输入文本"1. 私家车到底有多少?"，选择文本，设置文本字号为36；字体为"微软雅黑"，颜色为橙色，把文字放置到汽车轮子图片的右侧，调整其位置。

4）执行"插入"→"图片"命令，弹出"插入图片"对话框，选择"汽车1.png"，单击"插入"按钮，复制6辆汽车，设定第1辆与第7辆汽车的位置，执行"开始"→"排列"→"对齐"→"横向分布"命令，同样插入"2014"与"1.05亿辆"文本，设置文本字体为"微软雅黑"，颜色为橙色，如图7-81所示。

5）用同样的方法插入2015年汽车的数量，添加9辆汽车图片（汽车2.png），页面效果如图7-82所示。

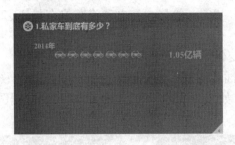
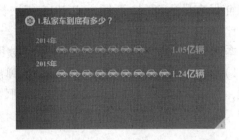

图7-81 插入2014年的汽车图表信息效果　　　图7-82 插入2015年的汽车图表信息效果

6）执行"插入"→"形状"→"直线"命令，按住〈Shift〉键绘制一条水平直线，设置直线的样式为虚线，颜色为白色。

7）执行"插入"→"文本框"→"横排文本框"命令，插入相应的文本，将数字设置橙色。

2. 内容页：今年新增汽车多少？

内容信息： 自2011年开始每年的新增加汽车数量的统计信息为：2011年新增加5814万辆，2012年新增加7222万辆，2013年新增加8807万辆，2014年新增加10599万辆，2015年新增加12345万辆。

这组数据仍然可以采用绘制图形的方式实现，例如采用圆形的方式表达，圆圈的大小表示数量的多少，用于定性地反映数据变化。制作步骤如下：

1）单击〈Enter〉键，新创建一页幻灯片，执行"插入"→"形状"→"椭圆"命令，按住〈Shift〉键绘制一个圆形，矩形填充橙色，边框设置为"无边框"，调整大小与位置。

2）执行"插入"→"文本框"→"横排文本框"命令，输入文本"5814"，选择文本，设置文本字号为32，字体为"微软雅黑"，颜色为白色，把文字放置到橙色圆圈的上方，调整其位置与大小。用同样的方法插入文本"2011年"，如图7-83所示。

3）用同样的方法插入2012、2013、2014、2015年的其他数据，但是需要把背景的圆圈逐渐放大，如图7-84所示。

图7-83 插入2011年的汽车增长数据　　　图7-84 插入连续5年的汽车增长数据

4）用同样的方法插入幻灯片所需的文本内容与线条即可。

3. 内容页：新能源车有多少?

内容信息： 近来，很多地方都在大力发展新能源汽车，不仅购车提供补贴，同时在上牌方面也提供诸多便利。2015 年，新能源汽车保有量达 58.32 万辆，比 2014 年增长 169.48%，其中，纯电动汽车保有量 33.2 万辆，比 2014 年增长 317.06%。

信息重点为"2015 年，新能源汽车保有量达 58.32 万辆，比 2014 年增长 169.48%，其中，纯电动汽车保有量 33.2 万辆，比 2014 年增长 317.06%"，核心是第一，新能源汽车 2015 年保有量达 58.32 万辆，比 2014 年增长 169.48%；第二，纯电动汽车保有量 33.2 万辆，比 2014 年增长 317.06%"。

本例可以用插入柱状表的方式来表达数量的变化，制作步骤如下：

1）执行"插入"→"图表"命令，弹出"插入图表"对话框，选择"柱状图"图表类型，并在弹出的 Excel 工作表中输入示例数据，如图 7-85 所示，关闭 Excel 后，数据图表的插入就完成了，如图 7-86 所示。

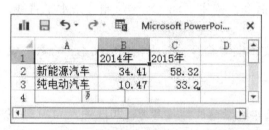

图 7-85 在 Excel 表中输入数据

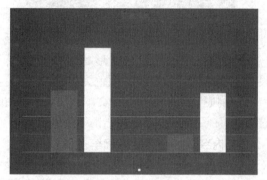

图 7-86 插入柱状图后的效果

2）选择插入的柱状图，选择标题，按〈Delete〉键删除"标题"。同样，选择"网格线"，将其删除；选择纵向"坐标轴"，将其删除；选择图例，将其删除，页面效果如图 7-87 所示。

3）选择插入的柱状图，执行"设计"→"添加图标元素"→"数据标签"→"其他数据标签选项"命令，设置数据标签文字颜色为白色，选择横向"坐标轴"，设置其文字颜色为白色，页面效果如图 7-88 所示。

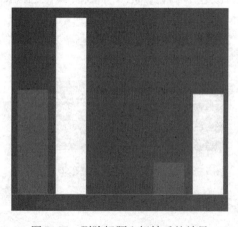

图 7-87 删除标题坐标轴后的效果

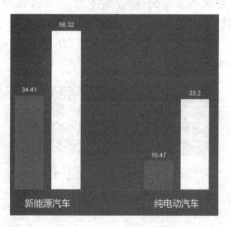

图 7-88 设置页面标签的效果

4）选择插入的柱状图，例如2014年的深灰色块状图标，单击鼠标右键，执行"设置数据点格式"命令，设置"系列重叠"为30%，"分类间距"为50%，设置页面如图7-89所示，设置后页面效果如图7-90所示。

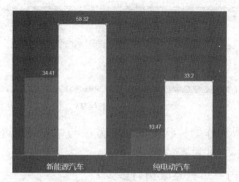

图7-89　设置系列选项　　　　图7-90　设置系列重叠与分类间距后的效果

5）在"设置数据系列格式"面板中，切换至"填充"选项，设置2014年的数据为浅橙色，设置2015年的数据为橙色，设置页面如图7-91所示，设置后页面效果如图7-92所示。

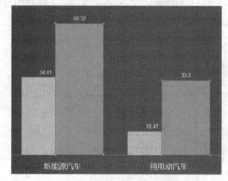

图7-91　设置填充选项　　　　图7-92　设置填充后的效果

6）最后，添加竖线与相关文本。

4. 内容页：多少城市汽车保有量超百万？

内容信息：全国有40个城市的汽车保有量超百万辆，其中北京、成都、深圳、上海、重庆、天津、苏州、郑州、杭州、广州、西安11个城市汽车保有量超过200万辆。

汽车保有量超过200万的城市（单位：万辆）										
北京	成都	深圳	上海	重庆	天津	苏州	郑州	杭州	广州	西安
535	366	315	284	279	273	269	239	224	224	219

本例的实现可以直接采用插入表格的方式来实现，插入表格后，设置表格的相关属性即可，具体方法如下。

1）执行"插入"→"表格"→"插入表格"命令，在弹出的"插入表格"对话框中，输入列数为12，行数为2，单击"确定"按钮即可。

2）执行"表格工具"→"设计"→"绘图边框"→"绘制表格"命令，选择笔触颜色为黑色，粗细为 1 磅，执行"边框"→"所有边框"命令即可。

3）选择第 1 行的所有单元格，设置背景颜色为橙色，选择第 2 行的所有单元格，设置背景颜色为浅灰色，输入相关数据后的页面效果如图 7-93 所示。

城市	北京	成都	深圳	上海	重庆	天津	苏州	郑州	杭州	广州	西安
数量	535	366	315	284	279	273	269	239	224	224	219

图 7-93　插入表格并设置样式后的效果

如果制作为柱状图的话，方法与"新能源车有多少？"方法类似。当然，用户也可以使用绘图的方式进行绘制。

5. 内容页：驾驶员有多少？

内容信息：男性驾驶人 2.4 亿人，占 74.29%，女性驾驶人 8415 万人，占 25.71%，与 2014 年相比提高了 2.23 个百分点。

本例重点反映了驾驶员中的男女比例，采用饼图表达的方式较好。制作步骤如下：

1）"插入"→"图表"命令，弹出"插入图表"对话框，选择"饼状图"图表类型，并在弹出的 Excel 工作表中输入示例数据，如图 7-94 所示，关闭 Excel 后，数据图表的插入就完成了，如图 7-95 所示。

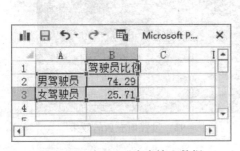

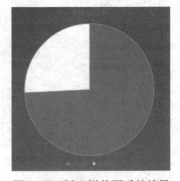

图 7-94　在 Excel 表中输入数据　　　　图 7-95　插入饼状图后的效果

2）选择插入的饼状图，单击鼠标右键，执行"设置数据系列格式"命令，设置"第一扇区起始角度"为 315°，设置页面如图 7-96 所示，设置后页面效果如图 7-97 所示。

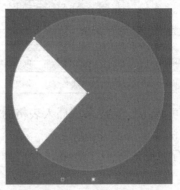

图 7-96　设置第一扇区的起始角度　　　　图 7-97　设置后的效果

3）选择标题，单击〈Delete〉键将其删除，选择"图例"，将其删除。

4）选择左侧的白色区域，按住鼠标左键将其向左移动一点，切换至"填充"选项，设置填充颜色为浅橙色，设置"边框"为"橙色"，选择右侧深灰色的扇形，把边框与填充都设置为橙色，页面效果如图7-98所示。添加"数据标签"后的效果如图7-99所示。

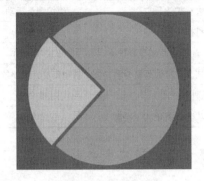

图7-98　设置填充颜色

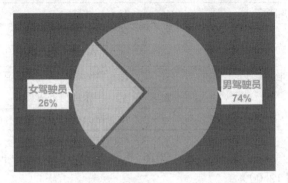

图7-99　添加数据标签后的效果

5）为了更加直观，插入两个图形来表示女驾驶员与男驾驶员，页面效果如图7-100所示。

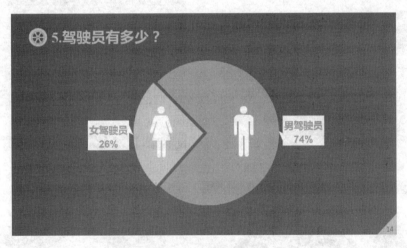

图7-100　男女驾驶员比例最终效果

7.5　拓展训练

根据拓展训练文件夹中"降低护士24小时出入量统计错误发生率.docx"信息内容，结合PPT的图表制作技巧与方法设计并制作PPT演示文件。

部分节选如下：

降低护士24小时出入量统计错误发生率

2014年12月成立"意扬圈"，成员人数：8人，平均年龄：35岁，圈长：沈霖，辅导员：唐金凤。意扬圈成员信息表如表7-2所示。

表7-2 意扬圈成员信息表

圈内职务	姓名	年龄	资历	学历	职务	主要工作内容
辅导员	唐金凤	52	34	本科	护理部主任	指导
圈长	沈霖	34	16	硕士	护理部副主任	分配任务、安排活动
副圈长	王惠	45	25	本科	妇产大科护士长	组织圈员活动
圈员	仓艳红	34	18	本科	骨科护士长	整理资料
	李娟	40	21	本科	血液科护士长、江苏省肿瘤专科护士	幻灯片制作
	罗书引	31	11	本科	神经外科护士长、江苏省神经外科专科护士	整理资料、数据统计
	席卫卫	28	8	本科	泌尿外科护士	采集资料
	杨正侠	37	18	本科	消化内科护士、江苏省消化科专科护士	采集资料

目标值的设定：2015 年 4 月前，24 小时出入量记录错误发生率由 32.50% 下降到 12.00%。

根据以上内容制作的参考案例效果如图 7-101 所示。

a)

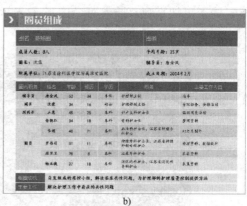
b)

c)

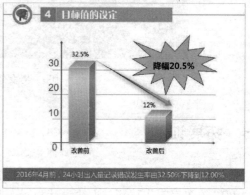
d)

图 7-101 "意扬圈"制作 PPT 页面效果

a）封面 b）成员信息 c）成员图片 d）目标设置

第 8 章　PPT 动画

8.1　动画概述

8.1.1　动画的原理

动画是利用人的"视觉暂留"特性，连续播放一系列画面，给视觉造成连续变化的图画，如图 8-1 所示。它的基本原理与电影、电视一样，都是视觉原理。

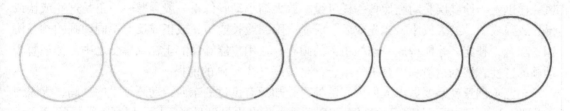

图 8-1　连续画面

其中，"视觉暂留"特性是人的眼睛看到一幅画或一个物体后，在 1/24 s 内不会消失。利用这一原理，在一幅画还没有消失前播放出下一幅画，就会给人造成一种流畅的视觉变化效果。

8.1.2　动画的作用

人类对运动与变化具有天生的敏感。不管这个运动有多么微不足道，变化多么微小，都会强烈地抓住人们的视线。所以，动画也是一把双刃剑，用好动画可以达到以下效果。

➢ 抓住观众的视觉焦点，例如逐条显示，通过放大、变色、闪烁等方法突出关键词。也可以利用内容的逐条出现引导观众跟随和理解演示者的进度与思路。

➢ 显示各个页面的层次关系，例如通过页面之间的过渡区分页面的层次。

➢ 帮助内容视觉化。动画本身也是有含义的，它在含义上与图片刚好形成互补关系。与图片可以表示人、物、状态等含义类似，动画可以表示动作、关系、方向、进程与变化、序列以及强调等含义。

或者说，通过动画能够展示的内容进行解释说明，相对于文字、图示、图表或者图片等静态内容，动画无疑更加简洁、直观、生动，它能够对事物的原理进行最大程度的还原，帮助观众理解事物的本来面貌。

8.1.3　PPT 动画表达遵循的标准

PPT 动画是一门学问，合格的 PPT 动画必须达到以下标准：

1. 符合基本的动画规律

自然：是指动画的效果不能让观众产生"刻意制作"的感觉，要该动则动、该静则静；该进则进、该退则退；该快则快、该慢则慢；该直则直、该转则转。所以，动画效果必须让人舒服、符合经验和直觉。例如，细长的直线或者矩形使用"擦除"动画出现符合经验与浏览习惯，圆形的对象用轮子动画进入也是符合经验。当然，速度的不合适，也会造成不自然的感觉。

连贯：动作之间有衔接，场景之间有衔接，元素之间有衔接，内容之间有衔接，避免跳跃的动画、中断的动画、停顿的动画和莫名其妙的动画。

主动：或者以美动人，或者以情动人，或者以景动人，或者以神动人。让每个动作都抓人眼球、扣人心弦。

2. 符合基本的审美规律

美观：每个动作都有其个性和适用领域。淡入淡出动画像水一样温柔，飞入飞出动画像风一样迅疾，伸展层叠动画像鸟一样可爱，放大缩小动画像雷一般震撼……正是这些或快或慢、或强或弱、或大或小、或先或后、或显或隐、或长或短、或正或反等不同动画的相互协调、配合、补充，才能构成一幅幅精美的画卷，让用户能够陶醉于视觉享受之中。把握每个动画的特性，根据情境和内容进行组合，是做好 PPT 动画的前提。

创意：创意就是要做出人们内心深处喜爱却没有见过的东西，动画片里的动画，大家习以为常；Flash 动画，大家司空见惯；3D 动画，现在也早已见怪不怪。但真正精彩的 PPT 动画，大家却不多见。用 PPT 动画实现类似 Flash、3D 的动画效果，人们一定会拍手称赞。这也是 PPT 动画的一个创意点。第二个创意点在于：PPT 展示的主要是思想和观点，更强调逻辑、数据、提炼，如何把枯燥、呆板、抽象的文字、图片等信息转化为形象、生动、具体、条理清晰及逻辑严密的画面，是 PPT 动画的最大挑战也是最大优势。没有创意的 PPT 动画，会像白开水一样平淡无味，有了创意，动画才有味道。

精致：细节是专业和业余的最大区别，大的动画谁都能模仿，但细节往往被忽视；大的动画谁都能把握，但专业的更在乎细微之处的功力。

3. 符合 PPT 应用场景规律

观众不同，动画效果不同。年轻人喜欢紧凑动画，中年人喜欢沉稳动画；男性喜欢帅气动画，女性喜欢温柔动画；东方人喜欢复杂动画，西方人喜欢简洁动画……但也不尽然。教育背景、工作经历、性格特点等都使人对动画的喜好各有影响。

行业不同，动画效果不同。政府类 PPT，讲究简洁、大气；科技类 PPT，讲究动感、炫丽；商务类 PPT，讲究庄重、严谨；工业类 PPT，讲究干脆、冲击；文化类 PPT，讲究个性、厚重；教育类 PPT，讲究简洁、规范、严谨、连贯、逻辑关联；食品类 PPT，讲究热情、快捷……

主题不同，动画效果不同。企业宣传类 PPT，追求快节奏、炫动作、精美的动画；工作汇报类 PPT，追求简洁、创意和连贯的动画；咨询报告类 PPT，追求简洁、清晰、有冲击力的动画；个人娱乐类 PPT，追求个性、张扬、出神入化的动画；培训课件类 PPT，追求简单、形象、一目了然的动画……

种类不同，动画效果不同。开场动画能扣人心弦，强调动画能够引人注目，逻辑动画能够环环相扣，形象动画能够衬托主题，结尾动画让人回味无穷。

4. 符合 PPT 表现的内容

PPT 动画的根本在于因内容而变化。对内容的表现力越强，动画效果就越成功。主要体现在以下两个方面：

其一，要看得清。重点内容动画明显，停留时间长，甚至用一些动画特别强调；次要内容用稍弱的动画，停留时间较短一些甚至一闪而过；修饰性动画若隐若现，避免干扰画面。

其二，要演得准。每个动画都有一定的内涵，时间、方向、速度、显著与否所带来的感受是不同的。同时出现的动作往往代表了并列关系，先后出现的动作往往代表了因果关系；由一到多的动作体现了扩散关系，由多到一的动作体现了综合关系；相向进入的动作体现了聚合或冲突，相反退出的动作则体现了分裂或脱离；大面积淡入淡出体现的是重点内容，小面积飞入飞出体现的是无关紧要……选择最对的动画，而不是选择最炫的动画。

8.2 动画的分类与基本设置

8.2.1 动画的分类

在 PowerPoint 中，所谓动画效果主要分为进入动画、强调动画、退出动画和动作路径动画四类，此外，还包括幻灯片切换动画，从而实现了用户对幻灯片中的文本、图形、表格等对象添加不同的动画效果。

进入动画：进入动画是对象从"无"到"有"。在触发动画之前，被设置为"进入"动画的对象是不出现的，在触发之后，那它或它们采用何种方式出现，就是"进入"动画要解决的问题。比如设置对象为"进入"动画中的"擦除"效果，可以实现对象从某一方向一点点地出现的效果。进入动画 PPT 中一般都是使用绿色图标标识。

强调动画：强调动画是对象从"有"到"有"，前面的"有"是对象的初始状态，后面的"有"是对象的变化状态。两个状态的变化，起到了对对象强调突出的目的。比如设置对象为"强调动画"中的"变大/变小"效果，可以实现对象从小到大（或设置从大到小）的变化过程，从而产生强调的效果。进入动画 PPT 中一般都是使用黄色图标标识。

退出动画：退出动画与进入动画正好相反，它可以使对象从"有"到"无"。触发后的动画效果与"进入"效果正好相反，对象在没有触发动画之前，是存在屏幕上，而当其被触发后，则从屏幕上以某种设定的效果消失。如设置对象为退出动画中的"切出"效果，则对象在触发后会逐渐地从屏幕上某处切出，从而消失在屏幕上。退出动画 PPT 中一般都是使用红色图标标识。

动作路径动画：就是对象沿着某条路径运动的动画，在 PPT 中也可以制作出同样的效果，就是将对象设置成"动作路径"效果。比如设置对象为"动作路径"中的"向右"效果，则对象在触发后会沿着设定的方向线移动。

8.2.2 动画的基本设置

1. 添加进入效果

进入动画是为了设置文本或其他对象以多种动画效果进入放映屏幕。在添加该动画效果之前需要选中对象。对于占位符或文本框来说，选中占位符、文本框，以及进入其文本编辑状态时，都可以为它们添加该动画效果。

选中图 8-2 所示的第一幅图片后，打开"动画"选项卡，选择"飞入"动画，此后"动画"选项卡中的"预览"按钮就由灰色变成了绿色，单击"预览"按钮就可以预览了。

与此同时，图 8-3 中的"效果选项"按钮也由灰色变成绿色，单击"效果选项"下拉按钮就可以看到进入动画的其他选项，如图 8-4 所示。

图 8-2　选择对象　　　　　　　　　　　　　　图 8-3　"动画"选项卡

单击"动画"组中的"其他"按钮，弹出动画列表框，如图 8-5 所示，如果选择"进入"列表框中的"轮子"动画，则原来的动画效果就被替换。

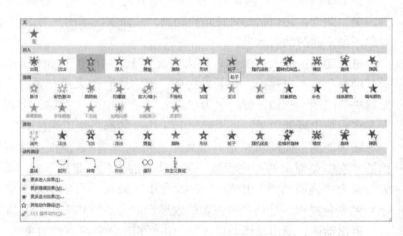

图 8-4　动画的效果选项　　　　　　　　　　　图 8-5　"动画"组的其他动画效果

选择图 8-5 中"更改进入效果"命令，将打开"更改进入效果"对话框，在该对话框中可以选择更多的进入动画效果，如图 8-6 所示。"更改进入效果"对话框的动画按风格分为基本型、细微型、温和型及华丽型。选中对话框最下方的"预览效果"复选框，则在对话框中单击一种动画时，都能在幻灯片编辑窗口中看到该动画的预览效果。

更改动画完成后，如果想对图 8-2 中的后两幅图片也运用"轮子"动画的效果，可以使用"动画刷"的功能。选择刚刚制作好"轮子"动画效果的图形，此时，浏览"动画"选项卡中的"高级动画"选项组，如图 8-7 所示，用鼠标双击"动画刷"按钮，然后，依次单击后两幅图片，这样后两幅图片也就复制了图片 1 的动画效果。

图 8-6 "更改进入效果"对话框 　　　图 8-7 "高级动画"选项组的"动画刷"

单击图 8-7 中的"动画窗格"按钮，会弹出"动画窗格"面板，如图 8-8 所示。运用"动画窗格"面板，可以浏览"播放"动画、控制动画的播放顺序，以及调整动画的持续时长。

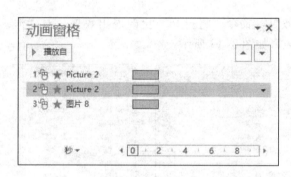

图 8-8 "动画窗格"面板

2. 添加强调效果

强调动画是为了突出幻灯片中的某部分内容而设置的特殊动画效果。添加强调动画的过程和添加进入效果基本相同，选择对象后，在"动画"选项组中单击"其他"按钮，在弹出的"强调"动画组中选择一种强调动画效果，如波浪形，即可为对象添加该动画效果，文本对象如图 8-9 所示，文本动画预览效果如图 8-10 所示。

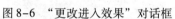

图 8-9 准备制作强调动画的文本对象 　　　图 8-10 波浪形强调动画

选择"更多强调效果"命令，将打开"更改强调效果"对话框，在该对话框中可以选择更多的强调动画效果，如图 8-11 所示，例如选择"补色 2"强调动画，效果如图 8-12 所示。

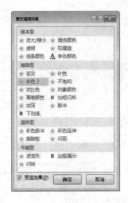

強調動画-波浪形功能

图 8-11 "更改强调效果"对话框   图 8-12 给文字对象更改的"透明"动画效果

3. 添加退出效果

退出动画是为了设置幻灯片中的对象退出屏幕的效果。添加退出动画的过程和添加进入、强调动画效果基本相同。选择对象后，在"动画"选项组中单击"其他"按钮，在弹出的"退出"动画组中选择一种退出动画效果，如擦除，即可为对象添加该动画效果。

选择"更改退出效果"命令，将打开"更改退出效果"对话框，在该对话框中可以选择更多的退出动画效果，如图 8-13 所示。

a)   b)

图 8-13 "更改退出效果"对话框

a）退出动画 1　b）退出动画 2

4. 添加动作路径动画效果

动作路径动画又称为路径动画，可以指定文本等对象沿预定的路径运动。PowerPoint 中的动作路径动画不仅提供了大量预设路径效果，还可以由用户自定义路径动画。添加动作路径效果的步骤与添加进入动画的步骤基本相同，选择对象后，在"动画"组中单击"其他"按钮，在弹出的"动作路径"列表框选择一种动作路径效果，如循环，即可为对象添加该动画效果，设置完成后界面如图 8-14 所示。若选择"其他动作路径"命令，打开"更改动作路径"对话框，可以选择其他的动作路径效果，如图 8-15 所示。

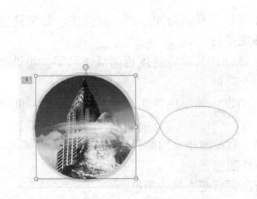

图 8-14　设置"循环"动作路径动画　　图 8-15　"更改动作路径"对话框

8.2.3　动画的操控方法

选择设置动画的对象，在"动画窗格"中，选择一个动画，单击右边的下拉箭头，弹出的下拉菜单如图 8-16 所示。单击"计时"选项中的"开始"按钮，会弹出下拉列表框，如图 8-17 所示。

图 8-16　动画的下拉菜单　　图 8-17　动画开始播放的列表框

图 8-17 中的选项与图 8-16 中的选项十分相似，基本是一一对应，只不过表述不同而已，这个菜单非常重要，每一项命令都必须完全掌握。

"单击开始"。只有在多单击一次鼠标之后该动画才会出现。例如想要让两个对象逐一顺序显示，单击一次出现一个，再单击一次再出现一个，那么两个出现动作都应该选择"单击开始"动作选项。

"从上一项开始"。该动作会和上一个动作同时开始。例如把第一个对象设置为"单击开始"，第二个对象设置为"从上一项开始"，那么单击一次之后，两个对象的动画会同时进行。

"从上一项之后开始"。上一动画执行完之后该动作就会自动执行。对于两个对象，如果第二个对象选择了这个选项，那么只需单击一次，两个对象的动画就会先后逐一进行。

"效果选项"。单击会打开"效果"选项卡。在这里，可以对动作的属性进行调整。对于不同的动作，此选项卡的内容会有些差别。例如"飞入"动画的"效果选项"如图8-18所示。

➢ "平滑开始"。该动作的速度将会从零开始，直到匀加速到一定速度。如果此选项设定为0 s，则动作将一开始就以最大速度进行。

➢ "平滑结束"。与"平滑开始"类似。该动作从一定速度逐渐减速到零。如果此项设定为0 s，则动作在结束之前，速度不会降低。

➢ "弹跳结束"。该动作将以多次反弹后结束，就像乒乓球落地一样，反弹幅度的大小取决于反弹结束的时间。

➢ "自动翻转"。该选项规定动画执行完成后按照相反的路径返回。

➢ "声音"。允许对每一个动作添加一个伴随声音。

➢ "动画播放后"。可以选择让对象执行动画后变为其他颜色。

➢ "动画文本"。当对象为文本框时，规定该对象中的所有文本是作为一个整体执行动画，还是以单词或者字符为基本单元先后执行动画。

"计时"。单击会打开"计时"选项卡，本选项卡可以对动画执行的时间进行详细设置，如图8-19所示。比如动画的触发方式、动画执行前延迟的时间、动画的执行时长、动画的重复次数以及指定动画的触发器。

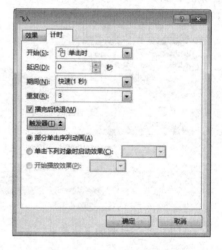

图8-18 "效果"对话框　　　　　图8-19 "计时"对话框

➢ "期间"（动画执行时长）可以任意设定，并可以精确到0.01 s。

➢ "重复"也可以任意设定，可以设置为"无"，也可以设置"直到下一次单击"或者"直到幻灯片末尾"。

➢ "播完后快退"可以让对象执行完动画后回到执行前状态。

➢ "触发器"可以设置动画的触发方式，给动画添加触发器。即只有鼠标单击某个设定的对象，动画才出现。

在此，对图8-16中的"持续时间"与"延迟"进行简单的解释。"持续时间"是指动画开始至结束的时间，通常可理解为动画的快慢。动画"延迟"表示经过几秒钟后播放动画。

8.2.4 常用动画的特点分析

人们浏览动画时，更多倾向于选择自然又干脆的动画，然后根据动画的需求选择温和或者醒目的动画效果。通常来讲，动画越符合平时的经验就越自然，动画的运动路径越简短就越干脆，由大到小动画比由小到大的动画更吸引人。

1. 进入动画

➤ 出现。出现动画就是让对象瞬间出现。它的效果简单基础，对象出现时不会喧宾夺主，如果是多个对象出现时，可以使用鼠标逐个触发，也可以通过延迟来控制节奏。

➤ 缩放。缩放动画让对象看起来是由小变大或由远到近地出现，效果选项如图8-20所示，这种出现方式最符合人们的经验与直觉，给人的感觉最自然舒服。对多个对象使用缩放顺序出现时，适当地叠加时间轴会给人行云流水的感觉。缩放动画只适用于显示一些小的对象，当对象过大时，时间短就会显示得不自然，时间过长就拖沓。

➤ 基本缩放。基本缩放有多重效果选项，其效果可以由小变大，也可以由大变小，如图8-21所示。如果设置缩小效果则显得更自然、干脆、醒目，这时就会产生一种盖章的效果从大到小，产生从屏幕外飞进来的感觉。

图8-20 缩放动画的效果选项　　　　图8-21 基本缩放动画的效果选项

➤ 淡出。淡出是让对象渐隐或者缓现。与出现动画相似，淡出同样是温和又不吸引人注意的。淡出可以设定执行时长，在连续多个对象出现时，它允许时间轴的重叠，而且整体效果自然温和。

➤ 擦除。擦除动画就像是用黑板擦去擦除黑板的痕迹一样，对线条擦除动画会让它看起来是慢慢增长或者生长的。擦除效果符合读者的经验与直觉，给人的感觉是自然而又流畅的。擦除动作仅能沿着直线向某一方向进行，对于封闭的图形，如圆圈，比较适合轮子动画。

➤ 切入。切入动画融入了擦除与飞入动画的特征，但相比飞入动画，切入动画的运动距离很短，显得很干脆利落。

> 浮入。浮入动画给人的感觉与切入很相似，它结合了飞入和淡出动画的特点，看起来比较干脆、自然。

> 飞入。飞入动画是让对象从页面外直线运动到当前的位置。在停止运动之前，对象一般会运动很长时间，对象一般会运动一段比较长的距离，给人的感觉稍有拖沓，因此，一般情况下不极力推荐使用飞入动画。

> 轮子。轮子动画是以对象中心为圆心，按照扇形擦除对象，适用于出现封闭或者半封闭的曲线。轮子动画的擦除效果只能从 12 点方向开始顺时针进行，不能直接指定擦除方向与起始角度。

注意：擦除角度的变化可以通过与强调动画中的陀螺旋动画结合来实现，具体方法就是，首先旋转对象，将其擦除的起始位置与 12 点方向对齐，并记录旋转角度，而后为动画添加进入动画的"轮子"动画和强调动画的"陀螺旋"动画，两个动画同时进行，最后将"陀螺旋"动画的执行时间修改为时间的最小值（0.01 s），目的就是让"陀螺旋"动画解决轮子动画的起始点与位置，角度设定为刚刚记录的角度，旋转方向与之前的操作相反即可。采用同样的方法，将擦除动画与陀螺旋动画的整合可以修改擦除动画的擦除方向。

2. 退出动画

退出动画的数量与进入动画基本相同，每一种进入动画都有一种退出动画与之对应，即退出动画就是进入动画效果的倒行。退出动画尽量自然、干脆与温和。

3. 强调动画

强调动画可以让对象的某种特征（例如大小、颜色、边框、透明度、旋转角度等）发生短时间或长久性改变，对象在执行强调动画前后是一直存在的。强调动画不一定适合直接用于强调某个对象，因为大部分强调动画的变化都比较细微，难以带来显著的吸引力。强调动画能让对象任意发生旋转、放大、变色、透明，同时不影响对象的进入与退出，因此与其他动画叠加会得到无穷无尽的动画效果。常用的动画效果有以下几种。

> **陀螺旋**。陀螺旋是 PPT 中唯一能够设定旋转角度和旋转方向的动画，它是绕着对象的中心旋转的。要想改变其旋转的中心点，可以通过在新的中心点对称的位置复制一个完全一样的透明对象，然后将这两个对象组合为一个元素即可。同样方法也可以更改进入动画中缩放动画的中心，或修改强调动画中放大缩小动画的缩放中心。

> **放大缩小**。放大缩小是 PPT 中唯一能够任意地设置对象的放大与缩小倍数的动画，而且还可以设定水平垂直或者在两个方向上放大或者缩小。需要注意的是，在对象放大时容易产生锯齿。为了避免锯齿的产生，首先需要将对象设置为放大或者缩小后的尺寸，而后执行缩小动画，最后再通过放大动画恢复到起始大小即可。

> **透明**。透明动画是能够任意设定对象透明度的动画。对象的透明动画在执行后默认保持透明度直到幻灯片播放结束，但用户可以任意设定透明持续的时间，并在时间结束后恢复至动画执行前的状态。

> **填充颜色/对象颜色/字体颜色**。这三种动画能够分别将对象的填充色、对象的线条色以及文本的颜色改变为任意颜色。动画执行后，其颜色不会恢复原貌。

> **脉冲**。脉冲结合了放大缩小和透明两种强调动画的特点，效果表现为首先对象尺寸

稍微放大的同时变得透明，而后反向进行直到恢复原貌。脉冲动画看起来自然、简单，非常适合在几个并列的对象之间强调某个对象时使用。

➢ **闪烁**。进入、退出和强调动画都有闪烁动画，其中进入动画的闪烁是让对象出现后经历执行时间而消失；退出动画是让对象在前一半执行时间内消失，在后一半的时间内出现并停留，最后消失；强调动画与退出动画类似，只是执行时间过后对象不消失。使用闪烁能够解决 PPT 中逐帧动画的循环问题。

4. 路径动画

路径动画能够让对象按照任意路径平移：路径可以按照直线、曲线、各种形状或者任意绘制，除非叠加了其他动画，否则对象在路径动画中不会发生旋转、缩放等变化。

除了直线，路径动画中用的最多的是自定义路径动画。自定义路径的使用与 PPT 中绘制任意多边形的方法类似，路径动画中的"效果选项"很有用，界面如图 8-22 所示。

➢ **编辑顶点**。可以对路径进行调整。路径顶点编辑的方法与自定义图形工具的边框编辑方式类似，鼠标放在需要编辑的顶点上，单击鼠标右键看到的界面如图 8-23 所示。

图 8-22　路径动画的"效果选项"　　　图 8-23　路径动画中的"编辑顶点"选项

➢ **路径的锁定与解锁**。锁定后的路径就像被钉在页面上一样，即使拖动对象，路径的位置也不会变。

➢ **反转路径**。对象移动按路径的反方向运动。

用户使用的 Office 2013 版本中具有路径预览功能，可以很方便地进行动画路径的调整。

8.3　案例：动画效果高级应用——手机滑屏动画

PowerPoint 2013 具有动画效果高级设置功能，如设置动画触发器、使用动画刷复制动画、设置动画计时选项、重新排序动画等。使用这些功能，可以使整个演示文稿更为美观，使幻灯片中各个动画的前后顺序更为合理。

下面通过一个手机划屏的动画来演示动画制作中的高级应用。效果如图 8-24 所示。

图 8-24 手机划屏效果

a）手机状态1 b）手出现 c）划屏 d）结束手消失

动画设计思路如下。

图片滑动动画：背景是一幅手机图片，在手机之上放置两幅图片，设置上面图片动画为自右向左地擦除动画。

手滑屏的动画：手的动画有三段，第一段手自底部飞出，第二段手自右侧滑向左侧，第三段动画手向下运动，同时消失。

8.3.1 动画的叠加、衔接与组合

动画的使用讲究自然、连贯，所以需要恰当地运用动画，使动画看起来自然、简洁，使动画整体效果赏心悦目，就必须掌握动画的衔接、叠加和组合。

1. 衔接

动画的衔接是指在一个动画执行完成后紧接着执行其他动画，即使用"从上一项之后开始"命令。衔接动画可以是同一个对象的不同动作，也可以是不同对象的多个动作。

以"手机滑屏"动画为例，手的出现首先使用了一个"飞出"动画，然后衔接一个手自右侧向左滑动的路径动作动画，最后衔接一个"飞出"动画。

2. 叠加

对动画进行叠加，就是让一个对象同时执行多个动画，即设置"从上一项开始"命令。叠加可以是一个对象的不同动作，也可以是不同对象的多个动作。几个动作进行叠加之后，效果会变得非常不同。

动画的叠加是富有创造性的过程，它能够衍生出全新的动画类型。两种非常简单的动画进行叠加后产生效果可能会非常不可思议。

例如，路径+陀螺旋、路径+淡出、路径+擦除、淡出+缩放以及缩放+陀螺旋等。

手机划屏的动画最后，手滑屏消失的动画就是"飞出+淡出"动画的叠加。

3. 组合

组合动画让画面变得更加丰富，是让简单的动画由量变到质变的手段。一个对象如果使用翻转动画，看起来非常普通，但是二十几个对象同时做翻转时味道就不同了。

组合动画的调节通常需要对动作的时间、延迟进行精心的调整，另外需要充分利用动作的重复，否则就会事倍功半。

8.3.2 手机滑屏动画实现过程

手机滑屏动画是图片的擦除动画与手的滑动动画的组合效果。用户可以首先实现图片的滑动效果，然后，制作手的整个运动动画，具体步骤如下。

1. 图片滑动动画的实现

1）打开 PowerPoint 2013，新建一个 PPT 文档，命名为". pptx"，执行"设计"→"幻灯片大小"→"自定义幻灯片大小"命令，设置幻灯片的宽度 33.88 cm，高度 19.05 cm，用鼠标右键设置渐变色作为背景。

2）执行"插入"→"图像"命令，弹出"插入图片"对话框，依次选择素材文件夹下的"手机.png""葡萄与葡萄酒.jpg"两幅图片，单击"插入"按钮，完成图片的插入操作，调整其位置后如图 8-25 所示。

图 8-25 图片的位置与效果 1

3）继续执行"插入"→"图像"命令，弹出"插入图片"对话框，选择素材文件夹下的"葡萄酒.jpg"图片，单击"插入"按钮，完成图片的插入操作，调整其位置，使其完全放置在"葡萄与葡萄酒.jpg"图片的上方，效果如图 8-26 所示。

图 8-26 图片的位置与效果 2

4）选择上方的图片"葡萄酒 . jpg"，然后执行"动画"→"进入"→"擦除"命令，设置其动画的"效果选项"为"自右侧"，同时修改动画的开始方式为"与上一动画同时"，延迟时间为 0.75 s，设置如图 8-27 所示。可以单击"预览"按钮预览动画效果，也可以执行"幻灯片放映"→"从当前幻灯片开始"命令预览动画。

图 8-27　动画的参数设置

2. 手划屏动画的实现

1）执行"插入"→"图像"命令，弹出"插入图片"对话框，依次选择素材文件夹下的"手 . png"，单击"插入"按钮，完成图片的插入操作，调整其位置后如图 8-28 所示。

图 8-28　插入手的图片位置

2）选择"手"的图片，然后执行"动画"→"进入"→"飞入"命令，实现手的进入动画自底部飞入。但需要注意，单击"预览"按钮预览动画效果，用户会发现"葡萄酒"的擦除动画执行后，单击鼠标后手才能自屏幕下方出现，显然，两个动画的衔接不合理。

3）切换至"动画"面板，单击"动画窗格"按钮，弹出"动画窗格"面板，如图 8-29 所示。在"动画"选项卡中，设置手的动画为"与上一动画同时"，然后在图 8-29 中选择手的"图片 1"将其拖动到"葡萄酒"（图片 4）的上方，最后选择"葡萄酒"（图片 4）的动画，设置开始方式为"上一动画之后"。前后衔接合理的动画窗格如图 8-30 所示。

图 8-29　调整前的动画窗格

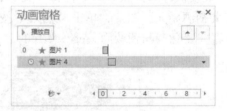

图 8-30　前后衔接合理的动画窗格

4）选择"手"形图片，执行"动画"→"添加动画"→"其他动作路径"命令，弹出"添加动作路径"面板，选择"直线与曲线"下的"向左"按钮，设置动画后的效果如图 8-31 所示，由于动画结束的位置比较靠近画面中间，所以，使用鼠标选择红色三角形向左移动，如图 8-32 所示。

注意： 当同一对象有多个动画效果时，需要执行"添加动画"命令。

动画的结束位置　动画的起始位置

图 8-31　调整前的路径动画的起始与结束位置

图 8-32　调整后的路径动画的起始与结束位置

5）选择"手"形图片的"动作路径"动画，设置"开始"方式为"与上一动画同时"，设置动画的持续时间为 0.75 s，此时"计时"面板如图 8-33 所示，"动画窗格"面板如图 8-34 所示。此时，单击"预览"按钮可以预览动画效果。

图 8-33　动画的"计时"设置

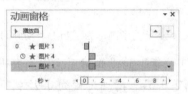

图 8-34　调整后的动画窗格

注意：手动的横向运动与图片的擦除动画就是两个对象的组合动画。

6）选择"手"形图片，执行"动画"→"添加动画"→"飞出"命令，设置"飞出"动画的开始方式为"在上一动画之后"，继续执行"动画"→"添加动画"→"淡出"命令，设置"淡出"动画的开始方式为"与上一动画同时"，此时"动画窗格"面板如图 8-35 所示单击"预览"按钮可以预览动画效果，如图 8-36 所示，这样通过动画叠加的方式，实现了"手"形一边飞出、一边淡出的功能。

图 8-35　整体的动画窗格

图 8-36　动画效果

3. 动画的前后衔接控制

动画的前后衔接控制也就是动画的时间控制，通常有两种方式。

第一种：通过"单击时""与上一动画同时""在上一动画之后"控制。

第二种：通过"计时"面板中的"延迟"时间来控制，它的根本思想是所有动画的开始方式都为"与上一动画同时"，通过"延迟"时间来控制动画的播放时间。

第一种动画的衔接控制方式在后期的动画调整时不是很方便，例如添加或者删除元素时，而第二种方式相对比较灵活，建议读者使用第二种方式。

具体的操作方式如下：

1）在"动画窗格"面板中选择所有动画效果，设置开始方式为"与上一动画同时"，此时的"动画窗格"如图 8-37 所示。

2）由于图片 4（葡萄酒）的"擦除"动画与图片 1（手）的向左移动动画是同时的，所以选择图 8-37 中的第 2、3 两个动画，设置其"延迟"时间都为 0.5 s，界面如图 8-38 所示。

图 8-37　设置所有动画都为"与上一动画同时"　　　图 8-38　设置时间延迟后的动画窗格

3）由于"手"形动画最后为边消失边飞出，所以两者的延迟时间也是相同的，由于手的出现动画是 0.5 s，滑动过程为 0.75 s，所以"手"形动画消失的延迟时间是"1.25"s。选择图 8-38 中的第 4、5 两个动画，设置其"延迟"时间都为 1.25 s。

4. 其他几幅图片的动画制作

1）选择"葡萄酒"与"手"两幅图片，按〈Ctrl + C〉快捷键复制这两幅图片，然后按〈Ctrl + V〉粘贴两幅图片，使用鼠标左键将两幅图片与原来的两幅图片对齐。

2）单独选择刚刚复制的"葡萄酒"图片，然后单击鼠标右键，执行"更改图片"命令，选择素材文件夹中的"红酒葡萄酒 . jpg"，打开"动画窗格"面板，分别设置新图片与"红酒葡萄酒 . jpg"的延迟时间。

3）采用同样的方法再次复制图片，使用素材文件夹中的"红酒 . jpg"图片，最后调整不同动画的延迟时间即可。

8.3.3　设置动画触发器

继续使用"手机划屏效果 . pptx"，在图片上绘制一个圆角矩形，设置填充为深灰色，然后再次绘制一个直角三角形，填充为白色，调整两者的位置，将两者选择，单击鼠标右键，执行"组合"菜单下的"组合"命令，页面效果如图 8-39 所示。

使用鼠标圈选幻灯片中除了刚刚绘制的所有对象，然后，执行"动画"→"高级动画"→"触发"命令，此时会弹出下拉框，选择"单击"→"组合 15"命令，如图 8-40 所示。设置触发器后"动画窗格"中就多了"触发器：组合 15"，如图 8-41 所示。

图 8-39　绘制播放图标后的整体效果

172

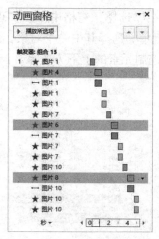

图 8-40 设置动画的触发方式　　　　图 8-41 设置触发后的动画窗格

单击〈F5〉快捷键，预览动画后，动画不播放，只有单击刚刚绘制的播放按钮，动画
开始播放。

8.3.4 动画控制时选择窗口的应用

继续打开"手机划屏效果.pptx"，如果需要调整图片的位置或动画时，可以使用 Power-
Point 2013 的"选择窗格"面板，选择"红酒"图片，执行"动画"→"编辑"→"选择"
→"选择窗格"命令，弹出"选择"窗格，效果如图 8-42 所示。

在"选择"窗格中可以通过单击"全部显示"或"全部隐藏"按钮来实现对象的显示
与隐藏，当然用户也可以单击某个对象后面的眼睛来实现显示和隐藏，例如，单击图 8-42
中的"图片 8"（红酒）后方的眼睛图标 后，图片 8（红酒）就会隐藏，此时就会显示下
面的图片 7（红酒葡萄酒），此时的选择窗格如图 8-43 所示。

图 8-42 PPT 的"选择"窗格

图 8-43 隐藏图片 8 后的"选择"窗格

同时，在"选择"窗格中可以实现快速选择对象，配合〈Ctrl〉键来实现不连续选择，如图 8-44 所示。选择其中一个对象，可以通过"向上"箭头□按钮，或者通过"向下"箭头□按钮来控制元素的上下方关系，当然也可以通过直接拖动来改变图层关系，如图 8-45 所示。

图 8-44 选择多个对象　　　　　　图 8-45 拖动调整对象的图层关系

8.4 案例：简单动画的设计技巧

8.4.1 案例1：文本的"按字母"动画设计

打开 PowerPoint 2013，输入文本"动画设计技巧"，选中文本框，如图 8-46 所示，切换至"动画"选项卡，单击"动画"选项组的"其他"按钮，展开动画列表，执行"更多进入效果"按钮，弹出"更改进入效果"对话框，选择"基本缩放"动画效果，如图 8-47 所示。

图 8-46 动画文本　　　　　　图 8-47 设置"基本缩放"进入动画效果

在"动画"的"高级动画"选项组中单击"动画窗格"选项，在"动画窗格"能显示文本动画的动画细节，用鼠标右键单击该动画设置，在弹出的右键菜单中选择"效果选项"命令，如图 8-48 所示，弹出"基本缩放"面板的"效果"选项，设置"缩放"方式为"从屏幕底部缩小"，设置"动画文本"为"按字母"，设置界面如图 8-49 所示。

图 8-48　鼠标右键设置"效果选项"　　　　图 8-49　设置"基本缩放"的"效果"选项

在图 8-49 中，将鼠标切换到"基本缩放"面板的"计时"选项，"期间"设置为"中速（2 s）"，如图 8-50 所示，然后单击"确定"按钮，即可实现按字母方式由屏幕底部向上逐渐放大至设置字体。单击〈F5〉快捷键，可以预览动画效果。

另外，在图 8-49 中"效果"选项的"缩放"方式还包括"放大""从屏幕中心放大""轻微放大""缩小""从屏幕底部缩小""轻微缩小"等效果，如图 8-51 所示。"增强"的动画文本包括"整批发送""按字/词""按字母"等效果，如图 8-49 所示。

图 8-50　设置"计时"选项　　　　图 8-51　设置"缩放"的其他选项

在制作文本动画时，还可以设置"飞入"动画的"平滑结束"与"弹跳结束"等效果，具体方法是：输入文本"飞入动画设计技巧"，选择文本框，切换至"动画"菜单，单击"动画"选项组的"其他"按钮，展开动画列表，选择"飞入"动画。

打开"动画窗格"，在对应的动画中单击鼠标右键，在弹出的快捷菜单中选择"效果选项"命令。在弹出的"飞入"对话框中进行各项设置，如"方向"设置为"自顶部"，"平滑结束"设置为"1 秒"，"动画文本"设置为"按字母"，如图 8-52 所示。单击"计时"选项，设置"期间"为"中速（2 秒）"，如图 8-53 所示。这样就完成了文本按照字母方式"飞入"的效果了。

如果想设置文本动画的"弹跳结束"效果，只需要修改图 8-52 中的"弹跳结束"选项为"0.3 秒"即可，当然根据实际情况时间可以调整。

图 8-52　设置飞入动画的"效果"选项　　　　图 8-53　设置飞入动画的"计时"选项

8.4.2　案例 2：动画的重复与自动翻转效果

下面通过一个实例学习一下如何设置动画的"重复"与"自动翻转"效果。

1）打开 PowerPoint 2013，执行"插入"→"图像"命令，弹出"插入图片"对话框，依次选择素材文件夹下的"镜头.jpg"，单击"插入"按钮，完成图片的插入操作，调整其位置后如图 8-54 所示。同样的方法插入"光线.png"图片，效果图如图 8-55 所示。

2）选择刚刚插入的"光线.png"图片，切换至"动画"菜单，单击"动画"选项组"动作路径"下的"形状"命令，如图 8-56 所示，调整形状为圆形，效果如图 8-57 所示。

图 8-54　插入"镜头.jpg"后的效果　　　　图 8-55　插入"光线.png"后的效果

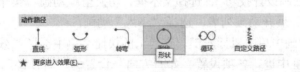

图 8-56　设置"动作路径"的形状　　　　图 8-57　调整动作路径为圆形

3）单击"动画窗口"按钮打开"动画窗口"，在"动画窗口"中单击鼠标右键，在快捷菜单中执行"效果选项"命令，在"效果"选项卡中选择"自动翻转"，如图 8-58 所示，切换至"计时"选项卡，设置"重复"为 3 次，如图 8-59 所示。

注意：设置重复次数可以根据需要进行调整，主要可以设置不重复、具体次数、直到下一次单击、直到幻灯片末尾。

图 8-58　调整动画为"自动翻转"　　　　图 8-59　设置"重复"次数

8.4.3　案例3：单个对象的组合动画

要想让 PPT 中的动画效果更具冲击力，需要掌握 PPT 动画的各种组合效果。

1. "淡出"和"陀螺旋"的组合

"淡出"是一个进入动画，"陀螺旋"是一个强调动画。本例主要介绍图片元素淡出的同时执行"陀螺旋"的动画效果。

1）打开 PowerPoint 2013，执行"插入"→"图像"命令，弹出"插入图片"对话框，依次选择素材文件夹下的"镜头 .jpg"，单击"插入"按钮，完成图片的插入操作。

2）选择图片，执行"动画"→"动画"→"进入"→"淡出"命令，打开"效果"对话框，将"开始"项设置为"与上一动画同时"，"期间"项设置为"1 秒"，如图 8-60 所示。

3）再次选择图片，单击"添加动画"，添加强调动画"陀螺旋"，打开"效果"对话框，将"开始"项设置为"与上一动画同时"，"期间"项设置为"快速 1 秒"，如图 8-61 所示。

图 8-60　设置"淡出"动画的计时选项　　　图 8-61　设置"陀螺旋"动画的计时选项

2. "淡出""飞入"和"陀螺旋"的组合

再次选择图片，单击"添加动画"，添加进入动画"飞入"，打开"效果"对话框，将

"方向"设置为"自底部",将"开始"项设置为"与上一动画同时","期间"项设置为"快速1秒",如图8-62所示。

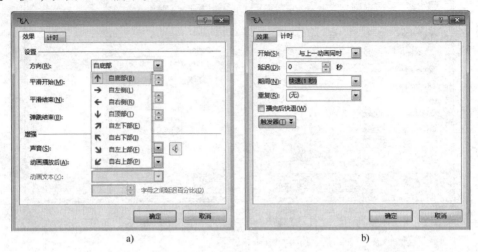

图8-62　设置飞入动画效果
a)设置效果自底部　b)计时设置

3. "淡出""缩放"和"陀螺旋"的组合

再次选择图片,单击"添加动画",添加进入动画"缩放",打开"效果"对话框,将"消失点"设置为"对象中心",将"开始"项设置为"与上一动画同时","期间"项设置为"快速1秒",如图8-63所示。

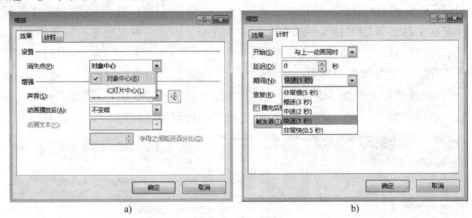

图8-63　设置缩放动画效果
a)设置消失点为"对象中心"　b)计时设置

8.4.4　案例4：多个对象的组合动画

图8-64所示案例中的4幅图片与文本,将其组合为4个对象,可以使4个模块一个个地推送显示,第2个模块动画主要在第1个模块动画结束之前出现,这样几个模块之间自然连贯。

动画路径自左向右连续推进,产生自然的协调感。具体制作方法如下。

1)选择第1个模块,单击"动画"选项组的"其他"按钮,展开动画列表,执行"更多进入效果"按钮,弹出"更改进入效果"对话框,选择"升起"动画效果。

图 8-64　多个对象的动画效果

2）打开"效果"对话框，将"开始"项设置为"与上一动画同时"，"期间"项设置为"快速 1 秒"。

3）用鼠标双击"动画刷"按钮 ，然后，依次单击后面的 3 个模块，这样后 4 个模块的动画效果就一致了，此时的"动画窗格"面板如图 8-65 所示。

4）在图 8-65 中，选择"组合 14"，设置其延迟时间为"0.5 秒"，选择"组合 15"，设置其延迟时间为"1.0 秒"，选择"组合 16"，设置其延迟时间为"1.5 秒"，此时的"动画窗格"面板如图 8-66 所示。

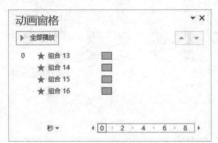

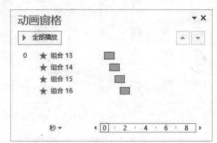

图 8-65　统一 4 个模块的动画效果后的动画窗格　　图 8-66　设置后 3 个模块的延迟时间后的动画窗格

此时，播放幻灯片，可以浏览依次出现的效果，如图 8-67 所示。由于依次延迟的时间差为 0.5 秒，所以，每两个模块之间没有交错的组合感，如果将图 8-66 中的时间延迟差都缩小到 0.25 秒，也就是选择"组合 14"，设置其延迟时间为"0.25 秒"，选择"组合 15"，设置其延迟时间为"0.5 秒"，选择"组合 16"，设置其延迟时间为"0.75 秒"，此时 4 个模块的动画效果将更好，如图 8-68 所示。

图 8-67　延迟时间差为 0.5 秒时的动画效果　　图 8-68　延迟时间差为 0.25 秒时的动画效果

如果将第1、3个模块的文字背景色设置为蓝色，而第2、4个模块的文字背景色设置为绿色，同时设置飞入效果，第1、3个模块自底部飞入，第2、4个模块自顶部飞入，设置延迟时间差为0.25秒也可以体验组合效果。

8.5 幻灯片的切换方式

幻灯片的切换方式是指在放映幻灯片时，一张幻灯片从屏幕上消失，另一张幻灯片显示在屏幕上的一种动画效果。一般为对象添加动画后，可以通过"切换"选项卡来设置幻灯片的切换方式。

8.5.1 PPT 的切换效果

在默认情况下，演示文稿中幻灯片之间切换是没有动画效果的。用户可以通过"切换"选项卡下"切换到此幻灯片"组中的命令为幻灯片添加切换效果。PowerPoint 2013 中提供了近40种内置的切换效果，单击"切换"菜单下的"切换到此幻灯片"选项中的"其他"按钮，如图8-69 所示。

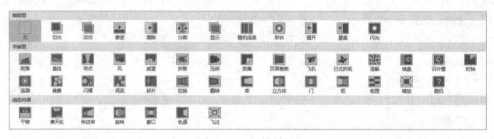

图 8-69　切换效果

PowerPoint 2013 中切换分为细微型、华丽型、动态内容三大类。

幻灯片的切换设置的具体操作方法如下。

1）打开"中国汽车权威数据发布.pptx"演示文稿，选择第1张幻灯片，在"切换"选项卡下的"切换到此幻灯片"组中单击"其他"按钮。

2）在弹出的列表中选择"动态内容"分组中的"传送带"效果。完成后显示标志为当第1张幻灯片添加切换效果后，在左侧的幻灯片导航列表中该幻灯片中多出一个图8-70b所示的标志＊，采用同样的方法可以依次设置其他页面的切换效果。

a)　　　　　　　　　　　　　　　　　b)

图 8-70　设置切换动画效果幻灯片缩略图的变化

a）设置前　b）设置后

使用同样的方法为其他的幻灯片设置切换效果。选择第 1 张幻灯片，按〈F5〉键放映幻灯片，单击鼠标即可观看效果。

8.5.2　编辑切换声音和速度

PowerPoint 2013 除了可以提供方便快捷的"切换方案"外，还可以为所选的切换效果配置音效和改变切换速度，以增强演示文稿的活泼性。编辑切换声音和速度都是在"切换/计时"组中进行的，下面分别进行介绍。

PowerPoint 2013 中默认的切换动画效果都是无声的，需要手动添加所需声音。其方法为：选择需要编辑的幻灯片，然后选择"切换/计时"选项组，在"声音"下拉列表中选择相应的选项（如"爆炸"），即可改变幻灯片的切换声音。

编辑切换速度的方法为：选择需要编辑的幻灯片，然后选择"切换/计时"选项组，在"持续时间"数值框中输入具体的切换时间，或直接单击数值框中的微调按钮，即可改变幻灯片的切换速度。

此外，如果不想将切换声音设置为系统自带的声音，那么可以在"声音"下拉列表中选择"其他声音"选项，打开"添加声音"对话框，通过该对话框可以将计算机中保存的声音文件应用到幻灯片切换动画中。

8.5.3　设置幻灯片切换方式

设置幻灯片的切换方式也是在"切换"选项卡中进行的，其操作方法为：首先选择需要进行设置的幻灯片，然后选择"切换/计时"组，在"换片方式"栏中显示了"单击鼠标时"和"设置自动换片时间"两个复选框，选中它们中的一个或同时选中均可完成对幻灯片换片方式的设置。"设置自动换片时间"复选框右侧有一个数值框，在其中可以输入具体数值，表示在经过指定秒数后自动移至下一张幻灯片。

注意：若在"换片方式"栏中同时选中"单击鼠标时"复选框和"设置自动换片时间"复选框，则表示满足两者中任意一个条件时，都可以切换到下一张幻灯片并进行放映。

为幻灯片设置持续时间的目的是控制幻灯片的切换速度，以便查看幻灯片内容。

打开"切换"选项卡，在"计时"组的"换片方式"区域中，选中"单击鼠标时"复选框，表示在播放幻灯片时，需要在幻灯片中单击鼠标左键来换片；而取消选中该复选框，选中"设置自动换片时间"复选框，表示在播放幻灯片时，经过所设置的时间后会自动切换至下一张幻灯片，无须单击鼠标。另外，PowerPoint 还允许同时为幻灯片设置单击鼠标来切换幻灯片和输入具体值来定义幻灯片切换的延迟时间这两种换片的方式。

8.5.4　案例：PPT 的无缝连接

为了维持 PPT 的连续性与逻辑完整性，最好让观众感觉不到页面的切换效果，让所有的页面演示时形成一个连续的画面感。

通常的处理方式有两种。一是借助页面的推进效果实现，如素材文件夹中的"案例：线性推进.pptx"，页面如图 8-71 所示。

选择 4 个页面设置切换方式为"推进"，效果选项为"自右侧"。整体效果如图 8-72 所示。

二是借助连续两个页面中的共同元素作为连接，如素材文件夹中的"案例：共有元素.pptx"，如图 8-73 所示。

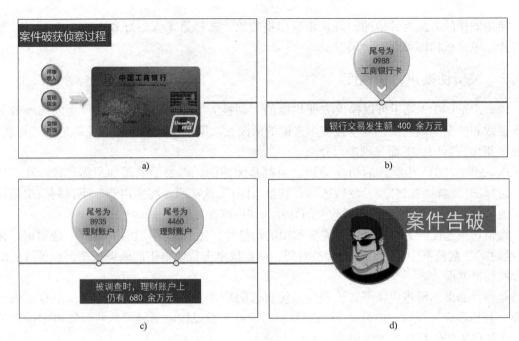

图 8-71 设置"推进"的切换方式实现无缝连接

a) 案情分析　b) 线索 1　c) 线索 2　d) 结论

图 8-72 使用切换中"推进"效果实现页面间的无缝连接

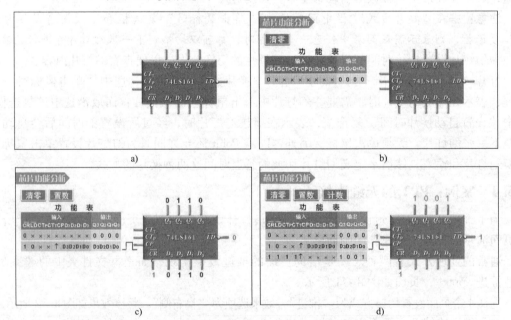

图 8-73 通过连续两页中共同的元素实现页面的无缝连接

a) 页面 1　b) 页面 2　c) 页面 3　d) 页面 4

8.6 案例：片头动画的设计

8.6.1 案例需求与展示

"易百米"物流公司为了扩大市场，现需要一份面向新市场的公关 PPT。现在需要公关部制作一份简约、大气风格的 PPT 片头，效果如图 8-74 所示。

a)   b)

图 8-74　片头动画效果图 1
a）动画场景 1　b）动画场景 2

8.6.2 案例实现

1. 插入文本与图片相关元素

插入文本、图形和背景音乐等所有元素后调整大小及位置，如图 8-75 所示。

图 8-75　片头动画效果图 2

2. 设置元素入场动画

1）构思入场动画，元素的设计与构思示意图如图 8-76 所示。

2）选择图片"logo. png"，单击"动画"选项卡，设置动画为"淡出"。

3）选择图片"星光 . png"，单击"动画"选项卡，设置进入动画为"淡出"。再单击"添加动画 ★"，选择"动作路径"组中的"形状"，如图 8-77 所示。

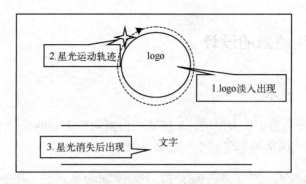

图 8-76　动画构思图

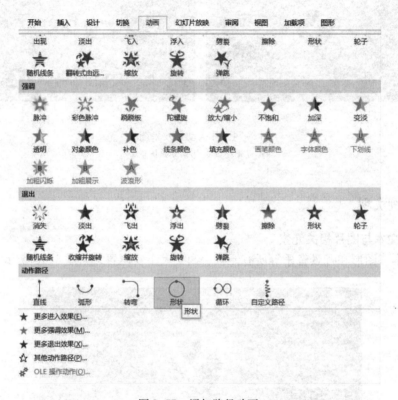

图 8-77　添加路径动画

4）将路径动画的大小调整为与 LOGO 大小一致，将路径动画的起止点调整到"星光.png"的位置，如图 8-78 所示。

5）单击"动画"选项卡，在"高级动画"选项组中选择"动画窗格"。将"logo.png"淡出动画触发方式"开始"设置为"与上一动画同时"，将"星光.png"淡出动画和路径动画触发方式"开始"设置为"与上一动画同时"，将"延迟"设置为"0.5 秒"，如图 8-79 所示，动画窗格效果如图 8-80 所示。

图 8-78　调整路径动画

6）在"星光.png"动画，设置动画让其消失。选择"星光.png"图片。再单击"添加动画 ★"，选择"退出"组中的"淡出"。

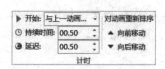

图 8-79　设置延迟时间　　　　　　图 8-80　动画窗格效果

7）再单击"添加动画 ★"，选择"强调"组中的"放大/缩小"，将效果选择为"巨大"。

8）将"退出"动画和"强调"动画的触发方式"开始"设置为"与上一动画同时"。将延迟时间设置在星光路径动画结束之后，设置延迟时间为"2.5 秒"，如图 8-81 所示，动画窗格如图 8-82 所示。

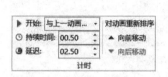

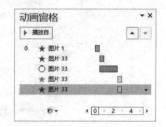

图 8-81　设置延迟时间　　　　　　图 8-82　动画窗格效果

9）LOGO 部分动画播放结束后，文字部分出场，设置文字上下两条直线形状，动画为"淡出"。将淡出动画的触发方式"开始"设置为"与上一动画同时"，将"延迟时间"设置为"3 秒"。

10）选择文字，单击"动画"选项卡，在下拉菜单中选择"更多进入效果"，将动画设置为"挥鞭式"，如图 8-83 所示。

11）将文字动画的触发方式"开始"设置为"与上一动画同时"，将"延迟时间"设置为"3 秒"，如图 8-84 所示。

图 8-83　设置挥鞭式动画　　　　　　图 8-84　动画窗格效果

185

3. 输出片头视频

制作完成片头后，可以保存为.pptx演示文稿文件，用PowerPoint打开，也可以保存为.wmv格式的视频文件，用视频播放器打开。保存为.wmv格式视频文件具体方法如下。

单击"文件"选项卡，单击"另存为"命令，设置保存类型为"Windows Media 视频（*.wmv）"，填写文件名即可，如图8-85所示。

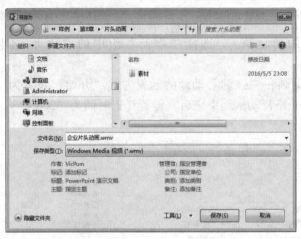

图8-85　设置保存文件类型

4. 事业单位片头拓展

按照同样方法可以制作类似片头，请参考"拓展：企事业单位片头动画的制作.pptx"，动画效果如图8-86所示。

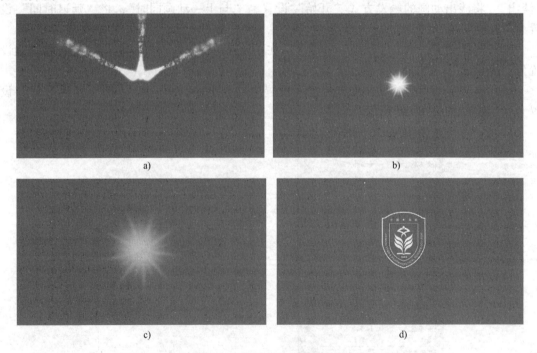

图8-86　事业单位片头动画效果图

a）动画界面1　b）动画界面2　c）动画界面3　d）动画界面4

e)   f)

图 8-86　事业单位片头动画效果图（续）

e）动画界面 5　f）动画界面 6

8.7　拓展训练

根据"拓展训练 – 中国汽车权威数据发布 . pptx"中完成的图标内容，设置相关的动画，例如"目录"页中"表盘"的变化，页面效果如图 8-87 所示。

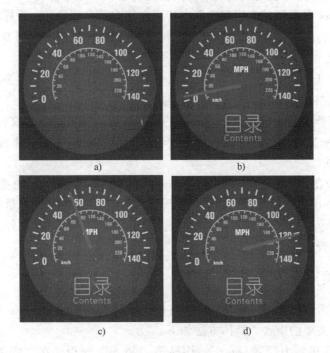

a)   b)

c)   d)

图 8-87　表盘的动画效果

a）动画界面 1　b）动画界面 2　c）动画界面 3　d）动画界面 4

第 9 章　PPT 影音

9.1　声音的插入与调整

在制作演示文稿的过程中，特别是在制作商务方面的宣传演示文稿时，可以为幻灯片添加一些合适的声音，添加的声音可以配合图文，使演示文稿变得有声有色，更具感染力。

9.1.1　常见的音频格式

PPT 中常用 WAV、MP3 和 MIDI 等格式。

（1）WAV 格式

WAV 格式是 Microsoft 公司开发的一种声音文件格式，用于保存 Windows 平台的音频信息资源，被 Windows 平台及其应用程序所支持，支持多种音频位数、采样频率和声道，是目前计算机上广为流行的声音文件格式，几乎所有的音频编辑软件都识别 WAV 格式。

（2）MP3 格式

MP3 格式诞生于 20 世纪 80 年代的德国，所谓的 MP3 是指 MPEG 标准中的音频部分，也就是 MPEG 音频层。MPEG 音频文件的压缩是一种有损压缩，牺牲了声音文件中的 12 kHz ~16 kHz 之间高音频部分的质量来压缩文件的大小。相同时间的音乐文件，用 MP3 格式存储，一般只有 WAV 文件的 1/10，而音质要次于 CD 格式或 WAV 格式声音文件。

（3）MIDI 格式

MIDI 即音乐设备数字接口（Musical Instrument Digital Interface）的英文缩写，是 20 世纪 80 年代初为解决电声乐器之间的通信问题而提出的。MIDI 传输的不是声音信号，而是音符、控制参数等指令、MIDI 文件本身并不包含波形数据，所以 MIDI 文件非常小巧，非常适合作为网页的背景音乐。

9.1.2　添加各类声音

添加文件中的声音就是将计算机中已存在的声音插入到演示文稿中，也可以从其他的声音文件中添加用户需要的声音。具体方法如下：

1）打开"音乐的魅力探索.pptx"，切换至"插入"面板，在"媒体"选项组中单击"音频"的下三角按钮，在弹出的列表框中选择"PC 上的音频"选项，如图 9-1 所示。

2）弹出"插入音频"对话框，选择素材文件夹下的"bgmusic1.mp3"声音文件，单击"插入"按钮，如图 9-2 所示。

3）执行操作后，如图 9-3 所示，可以拖曳声音图标至合适位置，按〈F5〉键后幻灯片播放，单击播放按钮就可以听到插入的声音。

4）选择音频文件，执行"音频格式"→"播放"命令，打开"播放"面板，设置"开始"为"单击时"，如图 9-4 所示，按〈F5〉键后幻灯片播放，音乐将自动播放。

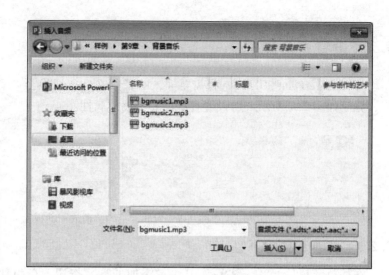

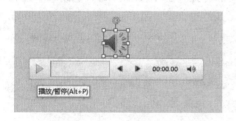

图 9-1　插入音频 1　　　　　　　　　　图 9-2　"插入音频"对话框

图 9-3　插入音频 2　　　　　　　　　图 9-4　设置音频的播放方式为"自动"

注意：在默认情况下，PowerPoint 会将音频文件自动嵌入声音至演示文稿中。

9.1.3　添加录制声音

如果需要插入自己录制的声音，用户可以通过传声器进行录制，再插入至幻灯片中。具体方法如下：

1）打开 PowerPoint 2013，切换至"插入"面板，在"媒体"选项组中单击"音频"的下三角按钮，在弹出的列表框中选择"录制音频"选项，如图 9-1 所示。

2）弹出"录制声音"对话框，如图 9-5 所示，单击红色圆点的"录制"按钮即可开始录制，录制界面如图 9-6 所示。

图 9-5　"录制声音"对话框　　　　　　　图 9-6　录制界面

3）单击蓝色的"停止"按钮，即可停止录音，单击"确定"按钮，即可插入录制的声音。

9.2 设置声音属性

打开 PowerPoint 2013，选择需要插入的音频文件，切换至"音频格式"→"播放"面板，界面如图 9-7 所示，可设置音频的相关播放属性。

图 9-7 音频工具的"播放"面板

9.2.1 添加和删除书签

在播放音频时，单击图 9-7 中的"添加书签"按钮，在当前播放位置添加一个书签，如图 9-8 所示；选择新的播放节点，再次单击"添加书签"按钮，则在新的播放位置再添加一个新的书签，如图 9-9 所示。

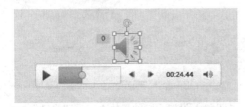

图 9-8 添加第一个书签　　　　图 9-9 添加第二个书签

注意：书签可以帮助用户在音频播放时快速定位播放位置，按〈Alt + Home〉组合键，播放进度将跳转到上一个书签处；按〈Alt + End〉组合键，播放进度将跳转到下一个书签处。

在播放进度条上选择书签后，单击"删除书签"按钮将删除选择的书签。

9.2.2 设置声音的隐藏

在幻灯片中选中声音图标，切换至"播放"面板，在图 9-7 所示的界面中选中"音频选项"选项组中的"放映时隐藏"复选框，在放映幻灯片的过程中会自动隐藏声音的图标，如图 9-10 所示。

图 9-10 声音图标隐藏前后对比

a) 隐藏前　b) 隐藏后

技巧：也可以将音频图标拖出窗口实现图标的隐藏。

9.2.3　音频的剪辑

在幻灯片中选中声音图标，切换至"播放"面板，在图9-7所示的界面中单击"编辑"选项组中的"剪裁音频"按钮，打开"剪裁音频"对话框，如图9-11所示。拖动绿色的"起始时间"滑块和红色的"终止时间滑块"，设置音频的开始时间和终止时间，单击"确定"按钮后，滑块之间的音频将保留，其余音频将被裁剪掉，如图9-12所示。

図9-11　"剪裁音频"对话框

図9-12　调整剪裁起点与终点

这里，可以在"开始时间"和"结束时间"微调框中输入时间值来指定音频的剪裁区域。滚动条上的蓝色标记表示当前的播放进度，拖动它或在进度条上单击，可以将播放进度快速定位到指定的位置。

9.2.4　设置音频的淡入与淡出效果

在幻灯片中选中声音图标，切换至"播放"面板，在图9-7所示的界面中，单击"编辑"选项组中的"淡入"和"淡出"微调框，分别输入时间值，如图9-13所示，在声音开始和结束播放时添加淡入淡出效果。此处输入的时间值表示淡入淡出效果持续的时间。

9.2.5　设置音频的音量

在幻灯片中选中声音图标，切换至"播放"面板，在图9-7所示的界面中，单击"音频选项"选项组的"音量"按钮，根据需要进行设置，如图9-14所示。

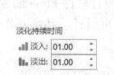

図9-13　设置淡化持续时间

図9-14 设置音量高低

9.2.6　设置声音连续播放

在幻灯片中选中声音图标，切换至"播放"面板，选中"音频选项"选项组中的"循环播放，直到停止"复选框。在放映幻灯片的过程中会自动循环播放，直到放映下一张幻灯片或停止放映为止。

9.2.7　设置播放声音模式

单击"开始"下拉按钮，在弹出的列表框中包括"自动""单击时""跨幻灯片播放"3个选项，当选择"跨幻灯片播放"选项时，该声音文件不仅在插入的幻灯片中有效，在演示文稿的所有幻灯片中均有效。

9.3 添加视频

PowerPoint 2013 中的视频包括视频和动画，可以在幻灯片中插入的视频格式有十几种，PowerPoint 支持的视频格式会随着媒体播放器的不同而不同，用户可从剪辑管理器或从外部文件添加视频。

9.3.1 常见的视频格式

PPT 中常插入的视频格式包括 AVI、WMV、MPEG、MOV 及 SWF 等。

（1）AVI 格式

AVI 格式即音频视频交错格式（Audio Video Interleaved）的英文缩写，是 Microsoft 公司开发的一种视频文件格式。所谓音频视频交错，是指可以将视频和音频交织在一起进行同步播放。这种视频格式的优点是图像质量好，可以跨平台使用；缺点是体积过于庞大，而且压缩标准不统一，时常会出现视频编码原因而造成视频不能播放等问题。用户如果遇到了这些问题，可以通过下载相应的解码器来解决。

（2）MOV 格式

MOV 即 QuickTime 影片格式，它是 Apple 公司开发的一种音频、视频文件格式，用于存储常用数字媒体类型。

（3）MPEG 格式

MPEG 即运动图像专家组格式（Moving Picture Expert Group）的英文缩写，日常生活中用户欣赏的 VCD、DVD 就是这种格式，今天常用的有 MP4 格式。

（4）WMV 格式

WMV 即视窗媒体视频（Windows Media Video）的英文缩写，是 Microsoft 公司推出的一种采用独立编码方式并且可以直接在网上实时观看的视频文件压缩格式。

（5）SWF 格式

SWF（Shock Wave Flash）是 ADOBE 公司的动画设计软件 Flash 的专用格式，是一种支持矢量和点阵图形的动画文件格式，被广泛应用于网页设计、动画制作等领域，SWF 文件通常也被称为 Flash 文件。

9.3.2 添加文件中的视频

添加文件中的视频就是将计算机中已存在的视频插入到演示文稿中。具体方法如下。

1）打开"视频的使用.pptx"文件，切换至"插入"面板，在"媒体"选项组中单击"视频"的下三角按钮，在弹出的列表框中选择"PC 上的视频"选项，如图 9-15 所示。

2）弹出"插入视频"对话框，选择素材文件夹下的"视频样例.wmv"声音文件，单击"插入"按钮，如图 9-16 所示。

3）执行操作后，如图 9-17 所示，可以拖曳声音图标至合适位置，按〈F5〉键后幻灯片播放，单击播放按钮即可播放视频，如图 9-18 所示。

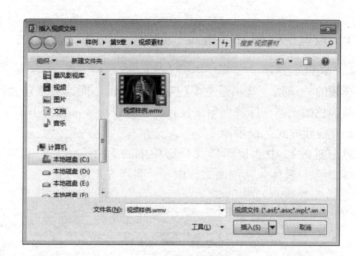

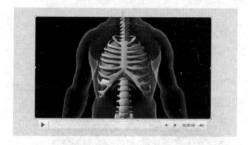

图 9-15　插入视频　　　　　　　图 9-16　"插入视频"对话框

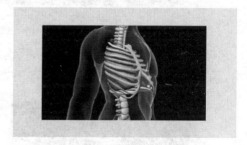

图 9-17　插入后的视频　　　　　　图 9-18　PPT 预览时视频播放效果

9.4　设置视频属性

在幻灯片中选中插入的视频,切换至"播放"面板,其中"视频选项"选项组中的各选项与"音频"选项组中的各选项作用类似,用户可根据需要设置各选项。

打开 PowerPoint 2013,选择需要插入的视频文件,切换至"视频工具"→"格式"面板,如图 9-19 所示,可设置视频的相关格式属性。

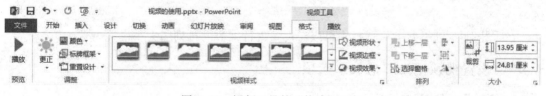

图 9-19　视频工具的"格式"面板

切换至"视频格式"→"播放"面板,界面如图 9-20 所示,可设置视频的相关播放属性。

图 9-20　视频工具的"播放"面板

9.4.1 设置视频相关"格式"选项

1. "调整"选项

视频的"调整"选项组主要包括视频更正功能，具体包括亮度与对比度的调整，还包括视频颜色的调整、标牌框架的设计、重置设计或重置大小等功能。

2. "视频样式"选项组

单击图 9-19 中"视频样式"选项中的下拉按钮，即可浏览视频的所有样式效果，如图 9-21 所示，具体包括细微型、中等、强烈等几种方式。

图 9-21 "视频样式"选项设置

选择刚刚插入的视频，单击"中等"类型中的第 10 个"旋转白色"，效果如图 9-22a 所示，单击"强烈"类型中的第 13 个"画布白色"，效果如图 9-22b 所示。

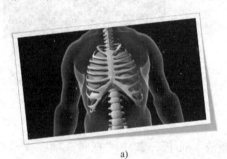 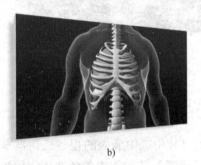

a)   b)

图 9-22 视频样式效果

a)"旋转白色"样式效果 b)"画布白色"样式效果

此外，视频还可以根据需要设计"视频形状""视频边框""视频效果"等，读者自行练习。

在"排列"与"大小"选择中可以对视频进行细节的排列与大小设置。

9.4.2 设置视频相关"播放"选项

1. 给视频添加书签功能

在视频播放时，单击图 9-20 中的"添加书签"按钮，在当前播放位置添加一个书签，如图 9-23 所示，选择新的播放节点，再次单击"添加书签"按钮，则在新的播放位置再添加一个新的书签，如图 9-24 所示。

注意：书签可以帮助用户在视频播放时快速定位播放位置，按〈Alt + Home〉组合键，播放进度将跳转到上一个书签处；按〈Alt + End〉组合键，播放进度将跳转到下一个书签处。

在播放进度条上选择书签后，单击"删除书签"按钮将删除选择的书签。

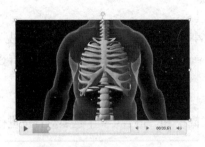
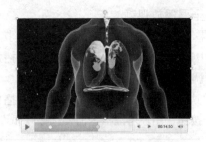

图9-23 添加第1个书签   图9-24 添加第2个书签

2. 设置音频的淡入与淡出效果

在幻灯片中选中视频图标，切换至"播放"面板，在图9-20所示的界面中，单击"编辑"选项组中的"淡入"和"淡出"微调框，分别输入时间值，在声音开始和结束播放时添加淡入淡出效果。此处输入的时间值表示淡入淡出效果持续的时间。

3. 视频剪辑

在幻灯片中选中视频图标，切换至"播放"面板，在图9-20所示的界面中，单击"编辑"组中的"剪裁视频"按钮，打开"剪裁视频"对话框，如图9-25所示。拖动绿色的"起始时间"滑块和红色的"终止时间滑块"设置视频的开始时间和终止时间，单击"确定"按钮后，滑块之间的视频将保留，其余视频将被裁剪掉，如图9-26所示。

这里，可以在"开始时间"和"结束时间"微调框中输入时间值来指定视频的剪裁区域。滚动条上的蓝色标记表示当前的播放进度，拖动它或在进度条上单击，可以将播放进度快速定位到指定的位置。

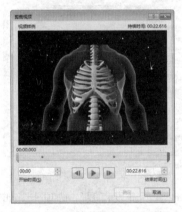
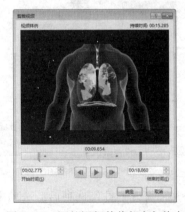

图9-25 "剪裁视频"对话框   图9-26 调整视频剪裁起点与终点

4. 设置视频连续播放

在幻灯片中选中视频图标，切换至"播放"面板，选中"视频选项"选项组中的"循环播放，直到停止"复选框。在放映幻灯片的过程中会自动循环播放，直到放映下一张幻灯片或停止放映为止。选中"播完返回开头"复选框，即可实现视频播放完后返回视频起始端。

5. 设置播放视频模式

单击"开始"下拉按钮，在弹出的列表框中包括"自动""单击时""跨幻灯片播放"3个选项，当选择"跨幻灯片播放"选项时，该视频文件不仅在插入的幻灯片中有效，在演示文稿的所有幻灯片中均有效。

6. 全屏播放视频

如果原视频比较清晰的话，可以直接调整大小实现视频的满屏播放。在"视频选项"选项组中选中"全屏播放"复选框，在播放时 PowerPoint 会自动将视频显示为全屏模式。

7. 调整视频的音量

在幻灯片中选中视频图标，切换至"播放"面板，如图 9-20 中单击"视频选项"选项组的"音量"按钮，用户可以根据需要选择"低""中""高"和"静音"4 个选项对音量进行设置。

9.4.3 插入 Flash 视频

在 PowerPoint 2013 中可以插入 SWF 格式的 Flash，若让 PowerPoint 支持 Flash 则需要安装 Adobe Flash 播放器。

首先，完成"开发工具"选项卡的添加，具体步骤如下：

1）单击"文件"选项卡，选择选项卡中的"选项"，在弹出的"PowerPoint 选项"对话框中，选择左侧"自定义功能区"选项，将右侧滚动栏中"开发工具"前打上对勾，如图 9-27 所示，单击"确定"按钮关闭。

图 9-27　勾选"开发工具"选项

2）添加"开发工具"选项后，选项卡列表中就出现了"开发工具"选项卡，如图 9-28 所示。

图 9-28　"开发工具"选项卡

3）单击"开发工具"选项卡，选择"其他控件"按钮，弹出"其他控件"对话框，选择"Shockwave Flash Object"选项，如图 9-29 所示，单击"确定"按钮，将十字光标在幻灯片空白区域划出一个矩形框，如图9-30所示。

4）用鼠标选中Flash控件框，然后单击鼠标右键，在弹出的菜单中单击"属性表"命令，如图9-31所示，弹出属性窗口，在"Movie"项中填写路径，如图9-32所示。

图9-29　"Shockwave Flash Object"选项　　　图9-30　插入后的Flash控件框

注意：将SWF文件与PPT文件放在同一个目录下填写文件名带扩展名即可，若不是同个文件夹则需要将文件完整路径写出，例如路径修改为"flash\钻戒广告动画.swf"（相对路径）。

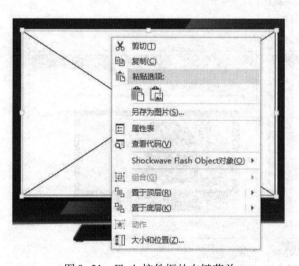

图9-31　Flash控件框的右键菜单　　　　图9-32　修改Movie路径

5）按〈F5〉键预览插入的Flash动画视频，如图9-33所示。

图9-33　插入Flash后的效果

9.5 拓展训练

专用汽车制造有限公司李经理将在某汽车展览会上介绍公司的联合吸污车的新产品，现在他需要做一份"联合吸污车产品介绍"的 PPT 演示文稿。

本项目属于企业宣传类 PPT，主要目的在于企业形象展示与产品推介，此类 PPT 填补了静态宣传画册与动态宣传视频中的空档，达到动静结合的宣传效果。

专用汽车制造有限公司是一家专业服务城市管理与美化城市的企业，其文化以环保绿色为主。为了彰显企业文化特点，设计时以绿色作为主色调，黄色等其他颜色作为辅助颜色，在质感上以简洁为主。针对本实例特征，企业宣传演示文稿框架适用说明式或罗列式，对语言和文字需要准确无误，简短精炼。

最终完成的 PPT 演示文稿如图 9-34 所示。

图 9-34　专用汽车公司 PPT 演示文稿效果图

第10章　PPT演示

10.1　放映前的设置

PPT演示文稿制作完成后，有的由演讲者播放，有的让观众自行播放，这需要通过设置放映方式来进行控制。放映前的幻灯片设置包括幻灯片放映时间的控制、放映方式的选择及录制旁白等相关内容，下面将详细介绍幻灯片放映前的相关知识及操作方法。

10.1.1　设置幻灯片的放映方式

制作演示文稿的目的就是为了演示和放映。在放映幻灯片时，用户可以根据自己的需要设置放映类型。下面首先介绍几种放映类型。

1. 观众自行浏览

观众自行浏览方式是以一种较小的规模进行放映。以这种方式放映演示文稿时，该演示文稿会出现在小型窗口内，并提供相应的操作命令，允许移动、编辑、复制和打印幻灯片。在这种方式中，可以使用滚动条从一张幻灯片移到另一张幻灯片，还可以同时打开其他程序。

2. 演讲者放映

演讲者放映方式为传统的全屏放映方式，常用于演讲者亲自播放演示文稿。对于这种方式，演讲者具有完全的控制权，可以决定采用自动方式还是人工方式放映。演讲者可以将演示文稿暂停、添加会议细节或即席反应，还可以在放映的过程中录下旁白。

3. 展台浏览

展台浏览方式是一种自动运行全屏放映的方式，放映结束5分钟之内，用户没有指令则重新放映。观众可以切换幻灯片、单击超链接或动作按钮，但是不可以更改演示文稿。

下面介绍如何设置幻灯片放映方式。

1）打开"中国汽车数据发布.pptx"演示文稿，切换到"幻灯片放映"选项卡，如图10-1所示，在"设置"选项组中单击"设置幻灯片放映"按钮。

图10-1　"幻灯片放映"选项卡

2）弹出"设置放映方式"对话框，在"放映类型"选项组中选择"观众自行浏览（窗口）"单选按钮，在"放映选项"选项组中勾选"循环放映，按ESC键终止"复选框，如图10-2所示。单击"确定"按钮。

3）按〈F5〉键进行放映，即可发现幻灯片会以窗口的形式进行放映，如图10-3所示。

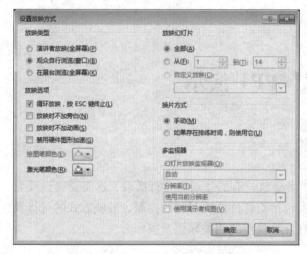

图 10-2 "设置放映方式"对话框　　　　图 10-3 "观众自行浏览"方式播放演示

10.1.2 隐藏幻灯片

在 PowerPoint 2013 中，用户可以将不需要的幻灯片进行隐藏，隐藏后的幻灯片在播放时会被跳过不被播放，具体操作方法如下。

1）打开"中国汽车数据发布.pptx"演示文稿，选中要隐藏的幻灯片，切换到"幻灯片放映"选项卡。选择第 2 张幻灯片，然后单击图 10-1 所示界面中"设置"选项组下的"隐藏幻灯片"按钮。

2）对幻灯片执行隐藏操作后，在视图窗格的"幻灯片"选项卡中，该幻灯片的缩略图将呈朦胧状态显示，编号上出现了一个斜线方框，表示该幻灯片已被隐藏，在放映过程中不会放映，如图 10-4 所示。

a)　　　　　　　　　　　　　b)

图 10-4　隐藏幻灯片前后的缩略图对比

a）隐藏前　b）隐藏后

200

此外，还可以通过以下两种方式隐藏幻灯片。

方式1：在视图窗格的"幻灯片"选项卡中，使用鼠标右键单击需要隐藏的幻灯片，在弹出的快捷菜单中单击"隐藏幻灯片"命令。

方式2：在"幻灯片浏览"视图模式下，使用鼠标右键单击需要隐藏的幻灯片，在弹出的快捷菜单中单击"隐藏幻灯片"命令。

若要将隐藏的幻灯片显示出来，先将其选中，再单击"隐藏幻灯片"按钮，或使用鼠标右键单击，在弹出的快捷菜单中选择"隐藏幻灯片"命令，从而取消该命令的选中状态。

10.1.3 排练计时

排练计时就是在正式放映前用手动的方式进行换片，PowerPoint 2013 能够自动把手动换片的时间记录下来，如果应用这个时间，那么以后便可以按照这个时间自动进行放映观看，无须人为控制。排练计时的具体操作方法如下。

1）打开"中国汽车数据发布.pptx"演示文稿，切换到"幻灯片放映"选项卡。单击图 10-1 中"设置"选项组中的"排练计时"按钮。

2）单击该按钮后，将会出现幻灯片放映视图，同时出现"录制"工具栏，如图 10-5 所示。

3）当放映时间达到 7 s 后，单击鼠标，切换到下一张幻灯片，重复此操作。

4）到达幻灯片末尾时，出现信息提示框，如图 10-6 所示，单击"是"按钮，以保留排练时间，下次播放时按照记录的时间自动播放幻灯片；单击"否"按钮，则放弃。

图 10-5　设置排练计时

图 10-6　计时结束的信息提示框

10.1.4 录制旁白

如果要使用演示文稿创建更加生动的视频效果，那么为幻灯片录制旁白是一种非常好的选择，并且在录制过程中还可以随时暂停录制或继续录制。不过，在录制幻灯片旁白之前，一定要确保计算机中已安装声卡和传声器，并且处于工作状态。

在幻灯片录制过程中，若要结束幻灯片放映的录制操作，只需在当前幻灯片上单击鼠标右键，然后在弹出的快捷菜单中选择"结束放映"命令即可。

具体操作方法如下。

1）打开"中国汽车数据发布.pptx"演示文稿，切换到"幻灯片放映"选项卡，选择第 2 张幻灯片，在图 10-1 所示界面中，单击"设置"选项组中的"录制幻灯片演示"下拉按钮。在弹出的下拉列表中选择"从当前幻灯片开始录制"选项，如图 10-7 所示。

注意：用户可以根据需要选择不同的录制方式。

2）打开"录制幻灯片演示"对话框，取消选中"幻灯片和动画计时"复选框，如图 10-8 所示。单击"开始录制"按钮开始录制演示的幻灯片。

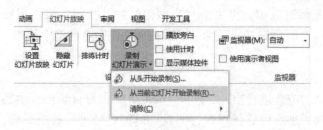

图 10-7　设置录制方式　　　　　　　　图 10-8　"录制幻灯片演示"对话框

3）返回演示文稿的普通视图状态，第 2 张幻灯片中将会出现声音文件图标，如图 10-9 所示，单击该图标将会自动显示播放条，然后在其中单击"播放"按钮，即可收听录制的旁白。

4）如果选择"从头开始录制"，那么就会依据每一页的幻灯片录制相应的音频，录制完成后的缩略图如图 10-10 所示。

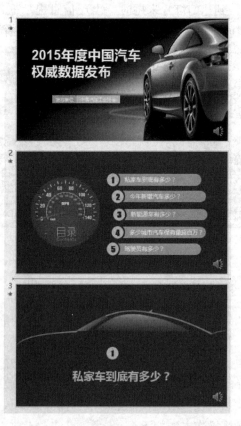

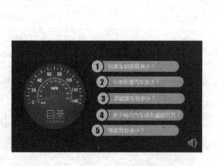

图 10-9　录制旁白后的声音图标　　　　　图 10-10　录制旁白后的 ppt 缩略图

录制好旁白后，此后该演示文稿将按照录制旁白时的时间进行自动播放。

如果要"清除"所录制的旁白与计时信息，可以通过单击图10-7中的"清除"按钮下的命令来实现。

在"清除"级列表中有4个选项，其作用介绍如下。

➢ 清除当前幻灯片中的计时：可清除当前幻灯片中的计时，即幻灯片中不再显示播放时间，但在放映时可以听到旁白。

➢ 清除所有幻灯片中的计时：可清除所有幻灯片中的计时，即幻灯片中不再显示播放时间，但在放映时可以听到旁白。

➢ 清除当前幻灯片中的旁白：可清除当前幻灯片中的旁白，同时幻灯片中的声音图标消失，此后放映演示文稿时，该幻灯片中不再有演讲者的旁白，但会根据录制旁白过程中的录制时间自动放映。

➢ 清除所有幻灯片中的旁白：可清除所有幻灯片中的旁白，此后放映演示文稿时，这些幻灯片中不再有演讲者的旁白，但会根据录制旁白过程中的录制时间自动放映。

10.1.5 手动设置放映时间

手动设置放映时间，就是逐一对各张幻灯片设置播放时间。手动设置放映时间的操作方法为：打开"中国汽车数据发布.pptx"演示文稿，在演示文稿中选中要设置放映时间的某张幻灯片，切换到"切换"选项卡，在"计时"选项组的"换片方式"栏中勾选"设置自动换片时间"复选框，然后在右侧的微调框中设置当前幻灯片的播放时间，如将"设置自动换片时间"修改为"00：08：00"，如图10-11所示。使用相同的方法，分别对其他幻灯片设置相应的放映时间即可。

图 10-11 手动设置放映时间

如果想对每张幻灯片都设置播放时间后，播放幻灯片时就会根据设置的时间进行自动放映。此外，设置好当前幻灯片的播放时间后，如果希望该设置应用到所有的幻灯片中，则可以单击"计时"选项组中的"全部应用"按钮。

10.2 放映幻灯片

设置好演示文稿的放映方式后，用户就可以对其进行放映了，在放映演示文稿时可以自由控制，主要包括启动与退出幻灯片放映、控制幻灯片放映、添加墨迹注释、设置黑屏或白屏以及隐藏或显示鼠标指针等，下面将详细介绍放映幻灯片的相关知识及操作方法。

10.2.1 启动幻灯片放映

在设置好幻灯片的放映方式后，就可以放映幻灯片了，首先用户应该掌握启动与退出幻灯片放映的方法。

在 PowerPoint 2013 中，用户如果准备放映幻灯片，在演示文稿页面的功能区中单击按钮即可实现，下面将具体介绍其操作方法。

打开"中国汽车数据发布.pptx"演示文稿，切换到"幻灯片放映"选项卡，在图10-1所示的界面中，单击"开始放映幻灯片"选项组中的"从头开始"按钮，幻灯片即开始播放。

如果演示者在投影仪或者大的电子屏幕上演示幻灯片，勾选图10-1所示界面中的"使用演示者视图"播放幻灯片，此时演示屏幕显示为图10-12a，而演示者本人看到图10-12b所示的界面，从而更加有利于演示者的发挥。

a)   b)

图10-12 "使用演示者视图"播放幻灯片

a）投影仪或电子屏幕显示的画面 b）演示者自己计算机显示的画面

在"使用演示者视图"时，可以在备注里添加演示者需要的信息，这些信息只有演示者本人能看到，而不会被观众看到。

如果幻灯片放映结束，用户可以按〈ESC〉快捷键结束放映。

通常情况下，按〈F5〉快捷键能实现"从头开始"播放幻灯片，按〈Shift + F5〉快捷键能实现"从当前幻灯片开始播放"，按〈Alt + F5〉快捷键能实现"使用演示者视图"播放幻灯片。

此外，在幻灯片放映时，按〈F1〉键就会调出"幻灯片放映帮助"对话框，能显示放映、排练、墨迹、触摸等状态下的技巧与快捷键，界面如图10-13所示。

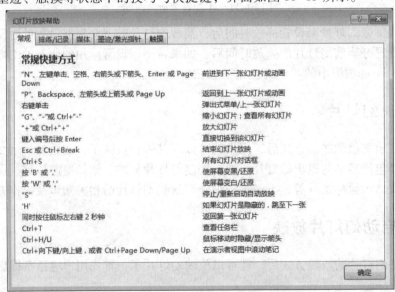

图10-13 "幻灯片放映帮助"对话框

10.2.2　控制幻灯片的放映

在播放演示文稿时，用户可以根据具体情境的不同对幻灯片的放映进行控制，如播放上一张或下一张幻灯片、直接定位准备播放的幻灯片、暂停或继续播放幻灯片等操作。

查看整个演示文稿最简单的方式是移动到下一张幻灯片，可以单击鼠标左键或按〈Space Bar〉键、〈Enter〉键、〈N〉键、〈Page Down〉键、〈↓〉键、〈→〉键，也可以单击鼠标右键，在快捷菜单中选择"下一张"命令，或者将鼠标指针移到屏幕的左下角，单击➡按钮。

要回到上一张幻灯片，可以按〈BackSpace〉键、〈P〉键、〈Page Up〉键、〈↑〉键或〈←〉键，也可以单击鼠标右键，在快捷菜单中选择"上一张"命令，或者将鼠标指针移到屏幕的左下角，单击⬅按钮。

在幻灯片放映时，要切换到指定的某一张幻灯片，则单击鼠标右键，在快捷菜单中选择"定位至幻灯片"菜单项，然后在级联菜单中选择目标幻灯片的标题。另外，如果要快速回转到第 1 张幻灯片，则按〈Home〉键。

10.2.3　添加墨迹注释

在放映幻灯片时，如果需要对幻灯片进行讲解或标注，用户可以直接在幻灯片中添加墨迹注释，如圆圈、下画线、箭头或说明的文字等，用以强调要点或阐明关系，下面将详细介绍添加墨迹注释的相关操作方法。

1）在幻灯片放映页面中，用鼠标右键单击任意位置，在弹出的快捷菜单中选择"指针选项"菜单项，在弹出的子菜单中选择准备使用注释的笔形，如选择"笔"，如图 10-14 所示。

2）在幻灯片页面中，拖动鼠标指针绘制准备使用的标注或文字说明等内容，用户可以看到幻灯片页面上已经被添加了墨迹注释，如图 10-15 所示。

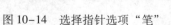

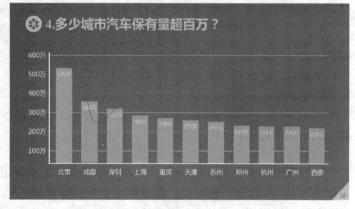

图 10-14　选择指针选项"笔"　　　　　　图 10-15　使用"笔"留下的注释与文本

3）演示文稿标记完成后可以继续放映幻灯片，结束放映时，会弹出"Microsoft Power-Point"对话框，询问用户是否保留墨迹注释，如果准备保留墨迹注释可以单击"保留"按钮，如图 10-16 所示。

4）返回到普通视图中，用户可以看到添加墨迹注释后标记的效果，通过以上步骤即可完成在幻灯片中添加墨迹注释的操作，如图 10-17 所示。

图 10-16　是否保留墨迹注释

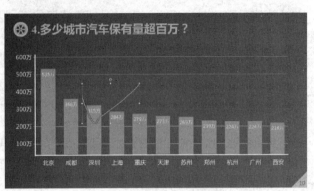

图 10-17　添加注释后的普通视图

10. 2. 4　设置黑屏或白屏

为了在幻灯片播放期间进行讲解，用户可以将幻灯片切换为黑屏或者白屏以转移观众的注意力。

黑屏的显示方式为：在放映幻灯片时，用鼠标右键单击任意位置，在弹出的菜单中选择"屏幕"菜单项，在弹出的子菜单中选择"黑屏"菜单项，或者直接按〈B〉键或〈.〉键（句点）。按键盘上的任意键，或者单击鼠标左键，可以继续放映幻灯片。

白屏的显示方式为：在放映幻灯片时，用鼠标右键单击任意位置，在弹出的菜单中选择"屏幕"菜单项，在弹出的子菜单中选择"白屏"菜单项，或者直接按〈W〉键或〈,〉键（逗号）。按键盘上的任意键，或者单击鼠标左键，可以继续放映幻灯片。

10. 2. 5　隐藏或显示鼠标指针

在播放演示文稿时，如果觉得鼠标指针出现在屏幕上会干扰幻灯片的放映效果，用户可以将鼠标指针隐藏，有需要时，可以通过设置再次将鼠标指针显示。

在幻灯片放映页面中，单击鼠标右键，在弹出的快捷菜单（图 10-14）中选择"指针选项"→"箭头选项"→"永远隐藏"命令，即可隐藏鼠标指针。

在幻灯片放映过程中，按〈Ctrl + H〉和〈Ctrl + A〉组合键，能够分别实现隐藏、显示鼠标指针操作。

10. 3　幻灯片打印

在一些非常重要的演讲场合，为了让与会人员了解演讲内容，通常会将 PowerPoint 演示文稿像 Word 一样打印在纸张上做成讲义。在打印演示文稿前需要进行一些设置，包括页面设置和打印设置等。

10. 3. 1　页面设置

在打印幻灯片前，应先调整好它的大小以适合各种纸张类型，以及设置幻灯片的打印方向等，具体方法如下。

1）单击"页面设置"按钮，在 PowerPoint 中切换到"设计"选项卡，单击"自定义"下的"幻灯片大小"下拉框，选择"自定义幻灯片大小"按钮，如图 10-18 所示。

2）弹出"幻灯片大小"对话框，在"幻灯片大小"下拉列表中设置幻灯片大小，在右侧的"方向"栏中设置幻灯片的方向，设置完成后单击"确定"按钮，如图 10-19 所示。

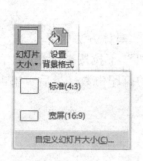

图 10-18　自定义幻灯片大小

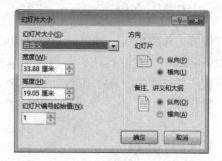

图 10-19　设置幻灯片大小

10.3.2　打印设置

在打印演示文稿前，可以进行打印的相关设置，如设置打印范围、色彩模式、打印内容和版式等。

1）打开制作完成的演示文稿，切换到"文件"选项卡，单击"打印"命令，在"设置"选项组中设置打印范围，这里选择"打印全部幻灯片"，如图 10-20 所示。

2）在"设置"选项组中单击默认显示的"整页幻灯片"下拉按钮，在弹出的下拉列表中可以选择打印内容和版式，这里选择"讲义"组中的"2 张幻灯片"选项，如图 10-21 所示。

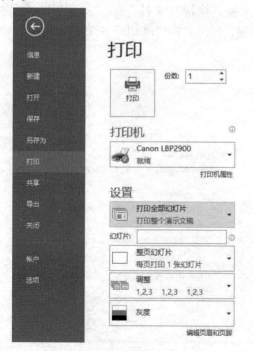

图 10-20　设置打印范围

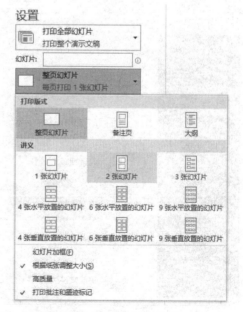

图 10-21　设置打印版式

3）在"设置"选项组中单击默认显示的"灰度"下拉按钮，在弹出的下拉菜单中可以选择打印颜色，包括"颜色""灰度"和"纯黑白"3种，这里选择"纯黑白"选项。

4）设置完成后，可以在右边窗口中看到最终打印效果。

10.3.3 打印演示文稿

所有设置工作完成后，就可以开始打印演示文稿了，具体方法如下。

在图10-20中，在"打印机"选项中单击"打印机"下拉按钮，在弹出的下拉菜单中选择当前使用的打印机。在"份数"栏设置演示文稿的打印份数，最后，单击"打印"按钮即可开始打印。

10.4 幻灯片共享

PowerPoint 2013 提供了多种保存、输出演示文稿的方法。用户可以将制作出来的演示文稿输出为多种样式，如将演示文稿打包，以网页、文件的形式输出等。

10.4.1 打包演示文稿

要在没有安装 PowerPoint 的计算机上运行演示文稿，需要 Microsoft Office PowerPoint Viewer 的支持。默认情况下，在安装 PowerPoint 时，将自动安装 PowerPoint Viewer，因此可以直接使用将演示文稿打包 CD 功能，从而将演示文稿以特殊的形式复制到可刻录光盘、网络或本地磁盘驱动器中，并在其中集成一个 PowerPoint Viewer，以便在任何计算机上都能进行演示。

1）打开"中国汽车数据发布.pptx"演示文稿，执行"文件"→"导出"命令，如图10-22所示，单击"将演示文稿打包成CD"按钮，弹出"打包成CD"对话框，如图10-23所示。

图10-22　将演示文稿打包成 CD

2）单击"选项"按钮，弹出"选项"对话框，如图 10-24 所示，用户可以根据需要进行相应的设置，单击"确定"按钮。

3）单击"复制到 CD"按钮，弹出提示信息框，单击"是"按钮，根据提示，待演示文稿打包完后即可。

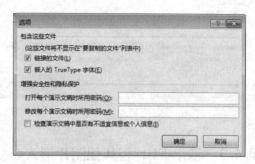

图 10-23 "打包成 CD"对话框   图 10-24 "选项"对话框

注意：单击"复制到 CD"按钮需要计算机上安装刻录机，如果没有，可以单击"复制到文件夹"按钮实现文件的打包。

10.4.2 输出视频

PowerPoint 2013 支持将演示文稿中的幻灯片输出为 MP4 视频。

1）打开"中国汽车数据发布.pptx"演示文稿，执行"文件"→"导出"命令，单击"创建视频"选项，如图 10-25 所示。

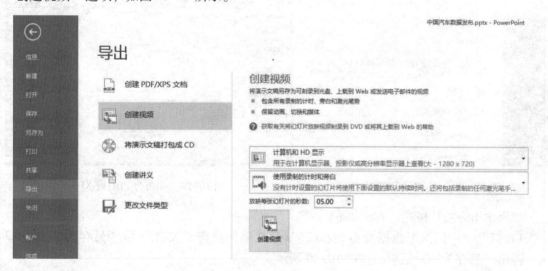

图 10-25 创建视频

2）单击"创建视频"按钮，弹出"另存为"对话框，如图 10-26 所示，默认的保存类型为 mp4，在"保存类型"下拉列表中选择所需的视频类型，例如 * wmv 格式，如图 10-27 所示。

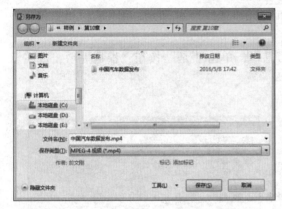
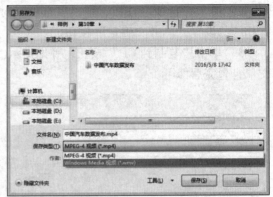

图 10-26 "另存为"对话框   图 10-27 选择"保存类型"

10.4.3 输出 PDF 与其他图片形式

PowerPoint 2013 支持将演示文稿中的幻灯片输出为 GIF、JPG、TIFF、BMP、PNG 及 WMF 等格式的图形文件。

1）打开"中国汽车数据发布 . pptx"演示文稿，执行"文件"→"导出"命令，单击"创建 PDF/XPS 文档"选项，如图 10-28 所示。

2）单击"创建 PDF/XPS"按钮，弹出"发布为 PDF 或 XPS"对话框，如图 10-29 所示。

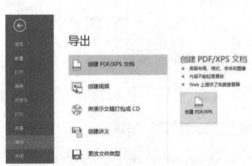

图 10-28 创建 PDF/XPS 文档   图 10-29 发布为 PDF 或 XPS

如果输出为图片格式，方法如下。

1）打开"中国汽车数据发布 . pptx"演示文稿，执行"文件"→"另存为"命令即可，弹出"另存为"对话框，如图 10-30 所示。

2）在"保存类型"下拉列表中选择所需的图片类型，例如 JPEG 格式，如图 10-31 所示。

3）单击"保存"按钮，弹出提示信息框，单击"每张幻灯片"按钮，然后单击"确定"按钮即可完成图片的输出。

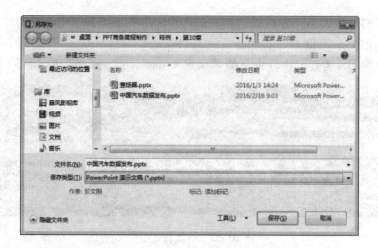

图 10-30 "另存为"对话框

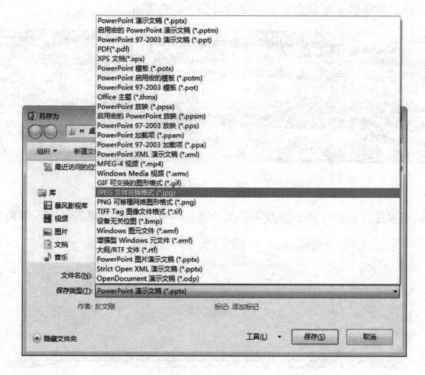

图 10-31 选择所需图片类型

10.5 案例：数字大屏幕 PPT 演示

某组织联合旅游企业要在南京某酒店举行"互联网＋智慧旅游产业高峰论坛"，酒店会场中央的数字大屏是一块宽高比为 4:1 的数字大屏幕，现在为会议制作一个展示的 PPT。

具体步骤如下。

1）启动 PowerPoint 2013，单击"页面设置"按钮，在 PowerPoint 中切换到"设计"选项卡，单击"自定义"下的"幻灯片大小"下拉框，选择"自定义幻灯片大小"按钮。

2）弹出"幻灯片大小"对话框，在"幻灯片大小"下拉列表中设置幻灯片大小，自定义宽度为"80厘米"，高度为"20厘米"。

3）设置背景图片为素材文件夹下的"风景1.jpg"，页面效果如图10-32所示。

图10-32　设置背景图片

4）插入用户所需的文本信息，页面效果如图10-33所示。

图10-33　插入文本信息后的效果

5）复制刚刚做好的幻灯片，修改不同的背景图片后，页面效果如图10-34所示。

图10-34　制作的其他页面的效果

6）执行"插入"→"音频"→"PC上的音频"命令，插入"加勒比海盗.mp3"作为幻灯片的背景音乐，选择插入的音乐文件，在"音频工具"的"播放"面板中，设置"开始"方式为"自动"，选中"跨幻灯片播放"和"循环播放，直到停止"复选框，并单击"在后台播放"按钮，如图10-35所示。

7）在"切换"面板，选择所有幻灯片，设置切换方式为"传送带"，设置"设置自动换片时间"为"00:10:00:"（10 s），如图10-36所示。

8）在会场播放的最终效果如图10-33所示。

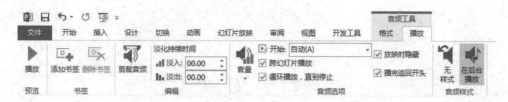

图 10-35 音频的"播放"设置

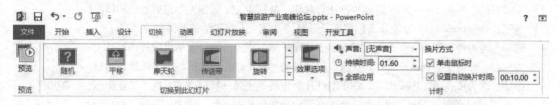

图 10-36 设置"切换"效果

10.6 拓展训练

中国体育科学学会与中国知网联合主办的"第二届全民健身网络知识竞赛"即将举办启动仪式，会场中央的数字大屏是一块宽高比为 3:1 的数字大屏幕，现在为会议制作一个展示的 PPT。制作的参考效果如图 10-37 所示。

图 10-37 预览效果

参 考 文 献

[1] 余婕，李秀霞，等．PowerPoint 2010 幻灯片制作高手速成［M］．北京：电子工业出版社，2013．

[2] 文杰书院．PowerPoint 2010 幻灯片设计与制作［M］．北京：清华大学出版社，2013．

[3] 龙飞．PowerPoint 办公专家从入门到精通［M］．上海：上海科学普及出版社，2011．

[4] 谢华，冉洪艳，等．PowerPoint 2010 标准教程［M］．北京：清华大学出版社，2021．

[5] 王作鹏，殷慧文．PowerPoint 2010 从入门到精通［M］．北京：人民邮电出版社，2013．

[6] 余婕，李秀霞，等．PowerPoint 2010 幻灯片制作高手速成［M］．北京：电子工业出版社，2013．

[7] 於文刚，刘万辉．Office 2010 办公软件高级应用实例教程［M］．北京：机械工业出版社，2015．

[8] 陈婉君．妙哉！PPT 就该这么学［M］．北京：清华大学出版社，2015．

[9] 杨臻．PPT，要你好看［M］．北京：电子工业出版社，2012．

[10] 杨臻．PPT，要你好看［M］．2 版．北京：电子工业出版社，2015．

[11] 前沿文化．如何设计吸引人的 PPT）［M］．北京：科学出版社，2014．

[12] 李彤，郑向虹．引人入胜——专业的商务 PPT 制作真经［M］．北京：电子工业出版社，2014．

[13] 楚飞．绝了，可以这样搞定 PPT［M］．北京：人民邮电出版社，2014．

[14] 陈跃华．PowerPoint 2010 入门与进阶［M］．北京：清华大学出版社，2013．

[15] 陈魁．PPT 动画传奇［M］．北京：电子工业出版社，2014．

[16] 温鑫工作室．执行力 PPT 原来可以这样用［M］．北京：清华大学出版社，2014．

[17] 陈魁．PPT 演义［M］．北京：电子工业出版社，2014．

[18] 曹将．PPT 炼成记：高效能 PPT 达人的 10 堂必修课［M］．北京：中国青年出版社，2014．

[19] 钱永庆，周蕾．PPT 高手之道 六步变身职场幻灯派［M］．北京：电子工业出版社，2015．

[20] 秋叶．和秋叶一起学 PPT：又快又好打造说服力幻灯片［M］．2 版．北京：人民邮电出版社，2014．